GoBD

Praxistipps IT

GoBD

Anforderungen, praktische Umsetzungstipps und Beispiele

Philipp Kling

IDW
IDW VERLAG GMBH

Das Thema Nachhaltigkeit liegt uns am Herzen:

MIX
Papier aus verantwortungsvollen Quellen
FSC
www.fsc.org
FSC® C019821

Klimaneutral
Druckprodukt
ClimatePartner.com/12325-2002-1002

Die IDW Verlag GmbH ist ein Unternehmen des Instituts der Wirtschaftsprüfer in Deutschland e. V. (IDW).

Satz: Reemers Publishing Services GmbH, Krefeld
Druck und Bindung: C.H.Beck, Nördlingen
KN 11862/0/0

ISBN 978-3-8021-2448-8

Bibliografische Information der Deutschen Bibliothek
Die Deutsche Bibliothek verzeichnet diese Publikation in der Deutschen Nationalbibliografie; detaillierte bibliografische Daten sind im Internet über http://www.d-nb.de abrufbar.

Coverfoto: www.istock.com/alexsl

www.idw-verlag.de

Inhaltsverzeichnis

1 Einleitung

1.1 Grundlagen und Zielsetzung

Bei den Grundsätzen zur ordnungsmäßigen Führung und Aufbewahrung von Büchern, Aufzeichnungen und Unterlagen in elektronischer Form sowie zum Datenzugriff (GoBD)[1] handelt es sich um ein BMF-Schreiben vom 14. November 2014. Es ist seit dem 1. Januar 2015 in Kraft und löste die Vorgängerschreiben GoBS[2] und GDPdU[3] ab. Am 28. November 2019 wurde eine Neufassung der GoBD veröffentlicht, die einige Neuerungen und Überarbeitungen beinhaltet, aber in der Struktur identisch zur ursprünglichen Version ist. Soweit nicht ausdrücklich gekennzeichnet, dienen die aktuellen GoBD aus dem Jahr 2019 als Grundlage für dieses Buch.

Die GoBD werden flankiert von den sog. „ergänzenden Informationen zur Datenträgerüberlassung". Hierbei handelt es sich um eine Hilfestellung, die insbesondere an kleinere und mittlere Unternehmen gerichtet ist und Hinweise bezüglich der zu überlassenden Daten im Rahmen einer steuerlichen Außenprüfung enthält. Dieses Schreiben wurde vom BMF mit gleichem Datum wie die GoBD veröffentlicht.

Es soll nicht verschwiegen werden, dass es auch eine „Zwischenversion" der GoBD vom 11. Juli 2019 gab, die jedoch ohne vorherige Ankündigung bereits Tage nach der Veröffentlichung wieder vom Netz genommen wurde. Erst inoffizielle Nachfragen brachten hervor, dass es offensichtlich noch Abstimmungsbedarf bei den obersten Finanzbehörden der Länder gegeben habe. Diese Version unterscheidet sich jedoch nur marginal von der finalen Fassung.

Der etwas sperrige Titel des BMF-Schreibens sagt gleichzeitig sehr treffend aus, um was es geht: IT-basierte Buchführung inklusive der vor- und nachgelagerten (elektronischen) Prozesse. Da wohl kaum ein

---

1 Grundsätze zur ordnungsmäßigen Führung und Aufbewahrung von Büchern, Aufzeichnungen und Unterlagen in elektronischer Form sowie zum Datenzugriff (BMF-Schreiben vom 28. November 2019).

2 Grundsätze ordnungsmäßiger DV-gestützter Buchführungssysteme (BMF-Schreiben vom 7. November 1995).

3 Grundsätze zum Datenzugriff und zur Prüfbarkeit digitaler Unterlagen (BMF-Schreiben vom 16. Juli 2001).

Unternehmen in der heutigen Zeit die Buchführung rein papierbasiert abwickelt, sind dementsprechend auch nahezu sämtliche Unternehmen von den GoBD betroffen – unabhängig von der Größe, der Steuerpflicht oder der Art der Gewinnermittlung.

Dieses Buch ist ein geeigneter Begleiter für diejenigen, die in ihrem beruflichen Alltag mit IT, Rechnungswesen bzw. Steuern zu tun haben: Mitarbeiter und Führungskräfte der jeweiligen Abteilungen in den Unternehmen, Steuerberater, IT-Berater und Wirtschaftsprüfer.

Naturgemäß befassen sich Klein- und Kleinstunternehmen mit den GoBD – wenn überhaupt – nur rudimentär. Hier ist es in der Regel am Steuerberater, den notwendigen Anstoß zur Umsetzung notwendiger Maßnahmen zu geben, bzw. diese direkt selbst zu veranlassen. Dennoch sind in den Ausführungen auch für diese Gruppe hilfreiche Hinweise enthalten.

Es geht in diesem Buch weniger darum, sich dem Thema auf wissenschaftliche oder akademische Weise zu nähern, als vielmehr in pragmatischer Weise aufzuzeigen, welche Umsetzungsvarianten in der Praxis sinnvoller sind als ggf. andere. Checklisten, Musterformulierungen und Übersichten sollen den notwendigen Praxisbezug herstellen. Des Weiteren findet an mancher Stelle auch eine kritische Auseinandersetzung mit den Inhalten der GoBD bzw. deren Interpretation statt.

i

Hinweis:
Die Ausführungen in diesem Buch resultieren in erster Linie aus den Praxiserfahrungen des Autors, die in zahlreichen geleiteten Seminaren, Projekten und Begleitungen von Betriebsprüfungen gewonnen wurden. Es werden daher persönliche Auffassungen des Autors wiedergegeben, die jedoch zum großen Teil im umfangreichen Austausch mit anderen Beratern und Vertretern der Finanzverwaltung bestätigt wurden. Dennoch muss selbstverständlich jegliche Haftung seitens des Autors ausgeschlossen werden.

Viele Beispiele in diesem Buch entstammen aus der Realität von Unternehmen und sind daher nicht zwangsläufig allgemeingültig. Es liegt also am Leser bzw. der Leserin, die für ihn/sie relevanten Inhalte zu ermitteln und gemäß den tatsächlichen Gegebenheiten zu adaptieren.

Dieser Ansatz wurde gewählt, um die praktischen Auswirkungen der GoBD auf die Unternehmen im Vergleich zu allgemeingültigen Dokumenten wie bspw. Muster-Verfahrensdokumentationen etwas mehr zu verdeutlichen.

Wie bei vielen anderen steuerlichen Themen auch, ist bei den GoBD eine 100-prozentige Konformität – wenn überhaupt – nur schwer zu erreichen. Ein Prüfer wird im Zweifel immer Defizite bei Prozessen, Kontrollen und Dokumentationen aufdecken, wenn er darauf abzielt – insbesondere da zahlreiche Vorgaben unterschiedlich interpretiert werden können. Es geht bei der Veranlassung von Umsetzungsmaßnahmen also vielmehr darum, den genannten Anforderungen mit verhältnismäßigen Mitteln gerecht zu werden, was auch die Zielsetzung der Ausführungen ist.

1.2 Aufbau des Buches

Im einleitenden Teil werden neben den Ursprüngen der GoBD, das Zusammenspiel zwischen Rechnungswesen/Steuern und IT beschrieben. Es werden mögliche Erwartungshaltungen aller Beteiligten aufgezeigt und typische Fehler und Ineffizienzen bei IT-Projekten behandelt, die Verbindung zu den Bereichen Rechnungswesen oder Steuern haben.

Die GoBD verlangen eine Konformität mit den dort aufgeführten Ordnungsmäßigkeitskriterien wie bspw. Richtigkeit, Vollständigkeit und Zeitgerechtheit, welche im zweiten Kapitel behandelt werden. Es wird ferner aufgezeigt, in welchen Unternehmensprozessen die einzelnen Kriterien besondere Relevanz zeigen. Die Ordnungsmäßigkeitskriterien wurden durch die GoBD keinesfalls neu definiert, sondern besitzen schon weitaus länger Gültigkeit – insbesondere durch die GoBS aus dem Jahr 1995 und den im Jahr 2002 veröffentlichten IDW RS FAIT 1[4].

Einen Schwerpunkt der GoBD, der gleichzeitig auch die größten Fragen in der Praxis aufwirft, bildet die sog. System- und Verfahrensdokumentation. Im dritten Kapitel wird daher aufgezeigt, wie relevante Systeme und Verfahren überhaupt erst ermittelt werden können. Übersichten, Checklisten und Muster liefern zudem wichtige Grundlagen zu einer

4 IDW Stellungnahme zur Rechnungslegung: Grundsätze ordnungsmäßiger Buchführung bei Einsatz von Informationstechnologie (Aufsatz vom 24. September 2002).

effizienten Erstellung. Dennoch soll nicht verheimlicht werden, dass an dieser Stelle bei den meisten Unternehmen ein erheblicher Anpassungs- bzw. Erweiterungsbedarf bestehen sollte, der auch mit dem entsprechenden Aufwand einhergeht.

Im vierten Teil des Buches werden mit dem Beschaffungs- und Vertriebsprozess zwei Verfahren näher beleuchtet, die wohl in den meisten Unternehmen eine wesentliche Rolle spielen. Zudem wird ein Blick auf den Betrieb von Registrierkassen geworfen, da diese aufgrund der neuesten Gesetzgebung besonders in den Fokus der Finanzämter gelangt sind. Anhand der Prozesse werden wiederum wichtige Grundlagen zur Behandlung und Konvertierung von Datenbeständen dargelegt. Die Ausführungen listen am Ende eines Kapitels einige Fragen auf, die im Rahmen einer System- und Verfahrensdokumentation zu beantworten sind und als Checkliste verwendet werden können.

Das „D" bei GoBD steht für „Datenzugriff". Gemeint ist der Datenzugriff der Finanzverwaltung, also die ehemaligen GDPdU. Im fünften Teil wird deshalb dargestellt, welche Daten aufbewahrungspflichtig sind und wie die Zugriffe für den steuerlichen Außenprüfer hierauf einzurichten sind.

Die GoBD vom 28. November 2019 umfassen insgesamt 44 Seiten. Im Grunde ist jeder Absatz mit einer Randziffer (Rz. oder Rzn. in der Mehrzahl) versehen, die auch hier genutzt wird, um auf konkrete Inhalte der GoBD zu verweisen.

Zitierte Internetverweise haben den Stand vom März 2020.

In den Ausführungen wird vereinzelt Bezug auf spezifische Softwarehersteller und deren Produkte genommen. Hierbei handelt es sich ausdrücklich nicht um Empfehlungen oder Werbung für das Unternehmen bzw. das Produkt. Diese Passagen sollen vielmehr den Praxisbezug anhand von Beispielen verbessern.

1.3 Die Ursprünge der GoBD

1.3.1 GoBS und GDPdU

Während die GDPdU wohl der Mehrheit der Leser in ihren Grundzügen geläufig sind, haben die GoBS bei Weitem nicht den Bekanntheitsgrad. Dies mag vor allem auch an dem in der Vergangenheit mangelnden Interesse seitens der Finanzverwaltung hinsichtlich der Umsetzung beim Steuerpflichtigen liegen. Deren wesentlicher Fokus – die elektronische Buchführung – wurde allenfalls von Wirtschaftsprüfern im Rahmen von Abschluss- oder Sonderprüfungen aufgegriffen, aber nur in Ausnahmefällen von steuerlichen Außenprüfern.

Während die Einhaltung der GDPdU, wenngleich auch ein paar Jahre verspätet, explizit und unter der Androhung bzw. Verhängung von Sanktionen eingefordert wurde, war dies bei den GoBS eher nicht der Fall – zumindest nicht bis zum Inkrafttreten der GoBD, in denen eine Zusammenlegung von GDPdU und GoBS erfolgte.

In den GoBS wurde seinerzeit Bezug auf konkrete Technologien (z.B. Mikrofiche-Verfilmungen) genommen, was einerseits zur Verständlichkeit der Anforderungen beigetragen hat, aber andererseits dazu führte, dass bei maßgeblichen Änderungen von Technologiestandards eigentlich auch eine Aktualisierung der Anforderungen nötig gewesen wäre. Bis zu den GoBD gab es eine solche Anpassung nicht, obwohl die angesprochenen Mikrofiche-Verfilmungen bereits seit Jahrzenten obsolet sind. Offenbar hat das BMF auch aus diesem Sachverhalt den Schluss gezogen, dass in den GoBD möglichst kein Bezug auf konkrete Technologien enthalten sein sollte. So findet sich der Begriff „Signatur" lediglich einmal im Kontext der elektronischen Erfassung von Papierdokumenten, ebenso der Begriff „Datensicherung" an anderer Stelle. Den Begriff „Hash" sucht man vergebens, obwohl es sich hierbei um eine Technologie handelt, die gerade bei der Revisionssicherheit[5] eine zentrale Rolle einnimmt. In Anbetracht der Tatsache, dass seit Einführung der GoBD im Jahr 2015 bereits zwei Aktualisierungen durchgeführt wurden (wenngleich eine davon eher inoffiziell war), hätte ein intensiverer Technikbezug wohl zur allgemeinen Verständlichkeit beigetragen, wenngleich er auch mit einem regelmäßigen zukünftigen Aktualisierungsbedarf einhergegangen wäre.

Stattdessen finden sich in den GoBD zahlreiche Verweise auf BFH-Urteile aus den 1950er- und 1960er-Jahren, die unterstreichen, dass es schon immer entsprechende Vorgaben an die Ordnungsmäßigkeit gab. Es bleibt dem Steuerpflichtigen überlassen, diese Urteile in der digitalen

5 Siehe Kapitel 2.2.2. Schutz vor Verlust und Veränderung.

Welt zu interpretieren. Dies fällt umso schwerer, als dass auch zahlreiche Begrifflichkeiten aus dieser Zeit übernommen wurden und eine zentrale Rolle einnehmen (bspw. „Grundbuch" oder „Unverlierbarkeit").

Aus Sicht des BMF ist offenbar zusammengeführt worden, was zusammengehört: zwei Schreiben, die gleichermaßen Bezug zu IT und zu Buchführung bzw. Steuern haben. Bei genauerer Betrachtung kann die Sinnhaftigkeit der Zusammenlegung durchaus angezweifelt werden, was die Lebensphasen eines Belegs in folgender Abbildung verdeutlichen sollen:

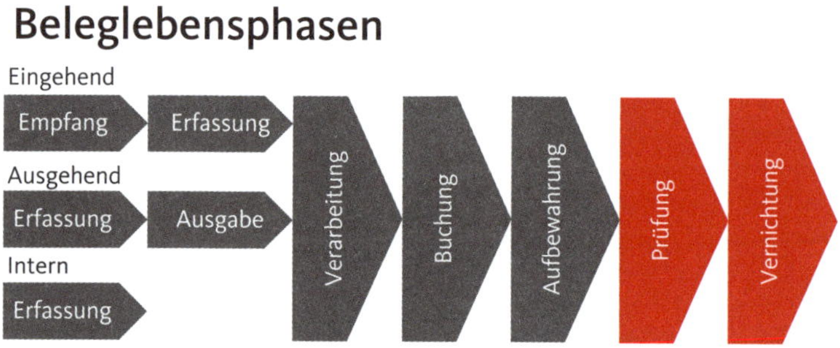

Abb. 1.1 Beleglebensphasen

Belege sind in Bezug auf deren Lebensphasen in drei Kategorien einzuteilen: eingehend, ausgehend und intern. Diese unterscheiden sich im Grunde nur bis zu deren Verarbeitungsphase, wenn man davon ausgeht, dass auf die Verarbeitung unmittelbar die Buchung folgt. Ein eingehender Beleg wird bspw. zunächst von einem Geschäftspartner empfangen, bevor er erfasst und verarbeitet werden kann. Bei einem ausgehenden Beleg (z.B. einer Faktura) ist dies genau umgekehrt. Bevor er nicht erfasst wird, kann er nicht ausgegeben werden. Interne Belege werden nicht ausgegeben oder empfangen – sie entstehen und verbleiben im Unternehmen.

Die ersten vier bis fünf (grau hinterlegten) Phasen sind Bestandteile der regelmäßigen Belegverarbeitungsprozesse innerhalb des Unternehmens und wurden vor Inkrafttreten der GoBD von den GoBS abgedeckt. Die Prüfungsphase hingegen bezieht sich auf die steuerliche Außenprüfung, deren Grundsätze in den GDPdU geregelt wurden.

Geht man einmal von einem stark automatisierten Prozess aus, bei dem eine Lieferantenrechnung bspw. im EDI-Format eingeht, während der Verarbeitung durch ein Workflow-System kontrolliert und freigegeben wird, um anschließend ebenso automatisch gebucht und archiviert zu werden, vergeht hier eine Zeitspanne von wenigen Sekunden. Selbst bei manuell verarbeiteten Eingangsrechnungen verstreichen vom Eingang zur Buchung bzw. Aufbewahrung i.d.R. nur wenige Tage. Der involvierte Personenkreis umfasst mehrere Abteilungen wie bspw. den Einkauf und die Kreditorenbuchhaltung. Diese Verarbeitungsphase spiegelt somit im Grunde den regelmäßigen Betriebsablauf wider.

Die steuerliche Außenprüfung hingegen erfolgt erst Jahre nach der Erfassung des Geschäftsvorfalls oder bei kleineren Unternehmen ggf. auch nie. Ansprechpartner im Unternehmen ist in erster Linie die Steuerabteilung bzw. der externe Steuerberater. Sowohl der zeitliche Kontext als auch der zuständige Personenkreis ist in der Prüfungsphase somit fundamental abweichend zu den vorgelagerten Phasen. Insofern hätte es aus Autorensicht wohl eher Sinn ergeben, beide Themenbereiche getrennt voneinander zu belassen, um eine bessere Abgrenzung zu schaffen und nicht sowohl die laufende Buchführung als auch die Betriebsprüfung unter einem Begriff zu subsummieren.

1.3.2 IDW RS FAIT 1 und 3

Bei den GoBS und den GDPdU handelt es sich um Schreiben des Bundesministeriums der Finanzen, somit also um steuerrechtlich geprägte Grundlagen. Auch aus handelsrechtlicher Sicht bestehen seit dem Jahr 2002 ausführliche Anforderungen an die elektronische Buchführung, die vom IDW in Stellungnahmen des Fachausschusses IT (RS FAIT) formuliert wurden. Es existieren fünf Stellungnahmen des FAIT, von denen insbesondere der IDW RS FAIT 1 und der IDW RS FAIT 3[6] Einzug in die GoBD gefunden haben. Vor allem der IDW RS FAIT 1 weist einen äußerst hohen Deckungsgrad mit den GoBD im Bereich der Verarbeitung (nicht Prüfung – s.o.) auf.

Leider wurde es bei den GoBD versäumt, Konkretisierungen des IDW RS FAIT 1 vorzunehmen. Einzelne Punkte wurden sogar noch zusätz-

6 IDW Stellungnahme zur Rechnungslegung: Grundsätze ordnungsmäßiger Buchführung beim Einsatz elektronischer Archivierungsverfahren (Aufsatz vom 11. Juli 2006 bzw. Neufassung vom 11. September 2015).

lich verallgemeinert, wie bspw. die möglichen Bestandteile einer System- und Verfahrensdokumentation, die gem. IDW RS FAIT 1[7] bestehen aus:

- **Anwenderdokumentation**

Hierbei handelt es sich um eine vom Produkthersteller ausgelieferte Dokumentation, die sämtliche Informationen enthalten muss, welche für die sachgerechte Bedienung einer IT-Anwendung erforderlich ist.

- **Technische Systemdokumentation**

Auch bei diesem Dokumentationsbestandteil handelt es sich um Elemente, die grundsätzlich vom Softwarehersteller zur Verfügung zu stellen sind, wie z.B. Datenorganisation und Datenstrukturen, programmierte Verarbeitungsregeln und Fehlerbehandlungsverfahren sowie Schnittstellen.

- **Betriebsdokumentation**

In einer Betriebsdokumentation sollen u.a. Datensicherungsverfahren, Versionsnachweise sowie die Beschreibung des Freigabeverfahrens enthalten sein.

Sämtliche Dokumentationsteile sind noch um unternehmensspezifische Elemente zu erweitern, welche sich auf die konkrete Implementierung der zugrundeliegenden Systeme bzw. den individuellen Verfahrensablauf beziehen. Weitere Ausführungen hierzu sind dem Kapitel 3.4. Verfahrensdokumentation zu entnehmen.

Es ist auch anzumerken, dass der IDW RS FAIT 1 zusätzliche Ordnungsmäßigkeitskriterien aufführt, die in den GoBD nicht oder nur äußerst rudimentär behandelt werden. Insbesondere handelt es sich hierbei um:

- Vertraulichkeit
- Autorisierung
- Authentizität
- Verbindlichkeit

[7] IDW RS FAIT 1, Rz. 55–59.

Diese werden in Kapitel 2. Ordnungsmäßigkeitskriterien näher beschrieben.

Die Stellungnahmen sind fachliche Grundlagen für mehrere Prüfungsstandards, die ebenfalls vom IDW veröffentlicht wurden und maßgeblich für die Erteilung von diesbezüglichen Testaten sind. Besonders hervorzuheben ist hier der IDW PS 330 (Abschlussprüfung bei Einsatz von Informationstechnologie), der in der Praxis weite Verbreitung findet. In dessen Rz. 8 ist vermerkt: „Der Abschlussprüfer hat das IT-gestützte Rechnungslegungssystem daraufhin zu beurteilen, ob es den gesetzlichen Anforderungen – insbesondere den im IDW RS FAIT 1 dargestellten Ordnungsmäßigkeits- und Sicherheitsanforderungen entspricht, [...].“[8]

Ähnliche Ausführungen beinhaltet auch der IDW PS 880 (Die Prüfung von Softwareprodukten), welcher von Softwareherstellern in Auftrag gegeben wird. Im Umkehrschluss heißt dies, dass ein IDW PS 880-zertifiziertes System bei entsprechender Konfiguration ordnungsgemäß im Sinne des IDW RS FAIT 1 – und somit auch überwiegend im Sinne der GoBD – sein kann. Softwarehersteller werben legitimerweise mit dem Erwerb eines solchen Zertifikats und stellen es in der Regel auch den Kunden zur Verfügung.

Für zwei Kategorien von Software ist es absolut empfehlenswert, während des Auswahlprozesses zu erfragen, ob diese Systeme gem. IDW PS 880 oder ähnlichen Standards zertifiziert sind:

- Finanzbuchhaltungssysteme
- Dokumentenmanagementsysteme (DMS)

Die Empfehlung beruht auf der Tatsache, dass beide Systemkategorien eine zentrale Rolle in der Rechnungslegung einnehmen und auch Hauptinformationsquelle bei diversen Prüfungen, z.B. der Jahresabschlussprüfung oder der steuerlichen Außenprüfung, sind. Zudem sind beide Kategorien in ihrem Aufgabenbereich und ihrer Architektur im Vergleich zu anderen Systemarten eher „einfach gestrickt“. Ein Finanzbuchhaltungssystem hat im Wesentlichen die Aufgabe, Buchungssätze zu erfassen, diese nach Konten aufzusummieren und entsprechend der

8 IDW PS 330, Rz. 8.

Bilanzposten anzuordnen. Ein DMS muss hingegen primär Belege ablegen und im Zugriff halten. Auch wenn diese Grundfunktionalitäten in der konkreten Umsetzung durchaus komplex abgebildet sind, werden sie zumeist als Standard des zugrundeliegenden Systems übernommen, ohne dass ein programmiertechnischer Eingriff von Seiten des Kunden stattfindet.

Dies ist bei Systemkategorien wie Materialwirtschaft, Faktura und Controlling oft nicht der Fall, weil diese vom Grundaufbau komplexer sind, was in der Regel kundenindividuelle Entwicklungen nötig macht. Diese können naturgemäß nicht mehr Bestandteil eines IDW PS 880-Zertifikats sein, weil der Hersteller auf derlei Maßnahmen keinen Einfluss hat. IDW PS 880-Zertifikate können auch für diese Systemkategorien sinnvoll sein. Allerdings finden sie weitaus geringere Verbreitung im Vergleich zu Finanzbuchhaltungen oder DMS.

Je mehr kundenspezifische Anpassungen bei einem System vorgenommen werden, umso größer ist der Dokumentationsaufwand für das Unternehmen. Zudem steigen die individuellen Dokumentationsanforderungen in diesen Fällen auch aufgrund der tendenziell höheren Komplexität der zugrundeliegenden Verfahren.

Hinweis:
Der Steuerpflichtige hat beim Vorhandensein eines Softwarezertifikats nicht nur die Sicherheit, dass sein System ordnungsgemäß konfiguriert werden kann, sondern erspart sich auch eine Menge Dokumentationsarbeit, da bezüglich des Systems in der Regel auf das erhaltene Testat verwiesen werden kann und lediglich die individuelle Einrichtung zu beschreiben ist.

Es existieren noch eine Vielzahl alternativer Zertifikate zum IDW PS 880, wie bspw. die „Geprüfte Archivierung“ vom TÜV Saarland[9] oder eine „ISO 27001 Zertifizierung auf der Basis vom IT-Grundschutz“[10]. Auf diese wird hier jedoch nicht näher eingegangen.

9 https://www.tuev-saar.de/zertifikat/tk00510/ (zuletzt abgerufen am 03.06.2020).

10 https://www.bsi.bund.de/DE/Themen/ZertifizierungundAnerkennung/Managementsystemzertifizierung/Zertifizierung27001/GS_Zertifizierung_node.html (zuletzt abgerufen am 03.06.2020).

Ein Softwaretestat bzw. -zertifikat wird stets für eine einzige Version der Software unter Laborbedingungen, wie bspw. auf Basis einer Testumgebung beim Hersteller, erteilt. Rein formal gilt das Testat also nur so lange, bis das nächste Update erscheint. Dies ist auch ein immer wiederkehrendes Argument der Gegner solcher Zertifikate, die zudem noch anmerken, dass sich die Laborbedingungen niemals auf Kundeninstallationen projizieren lassen. Diese Argumente sind natürlich nicht falsch, wenngleich es auch weitere Argumente gibt, die für die Beauftragung eines Testates sprechen:

- Im Rahmen der Zertifizierung wird u.a. die grundsätzliche Funktionsweise der Software hinsichtlich der Erfüllung von Ordnungsmäßigkeitskriterien und ihre Beeinflussbarkeit mittels Parametrisierung überprüft. Diese zentralen Eigenschaften der Software sollten auch bei einer Installation auf Kundenseite noch Gültigkeit besitzen. Im Falle einer Cloud-Lösung sind sie sogar für sämtliche Kunden identisch.
- Es ist nicht zu erwarten, dass diese Kernfunktionalitäten von kleineren Updates maßgeblich beeinflusst werden. In der Praxis führen regelmäßige Programmupdates oder Hotfixes, wie bspw. die Einspielung externer Quellen, Wording-Korrekturen oder kleinere Fehlerbehebungen, regelmäßig nicht zur Beeinträchtigung oder wesentlichen Änderung der testierten Eigenschaften. Insofern erstreckt sich die Gültigkeit des Testats de facto auf mehrere Releases.
- Nicht zuletzt legt der Hersteller dar, dass ihm an der Ordnungsmäßigkeit seines Systems gelegen ist und er bereit ist, darin entsprechend zu investieren. Neben dem Werbeeffekt können hierdurch ggf. auch Haftungsrisiken minimiert werden.

Letztlich sind die Systemhersteller aber natürlich gehalten, ein einmal erteiltes Testat in regelmäßigen Abständen, bspw. wenn eine neues Major-Release mit wesentlichen Programmänderungen ausgerollt wird, zu erneuern.

1.4 Die GoBD im IT-Umfeld

Das folgende Kapitel ist für Klein- und Kleinstunternehmen von eher untergeordneter Bedeutung, da das Zusammenspiel zwischen den Abteilungen IT- und Rechnungswesen/Steuern beleuchtet wird, die naturgemäß überhaupt erst ab einer gewissen Unternehmensgröße existieren.

Die Passage bzgl. der Reifegrade sollte jedoch für Unternehmen jeder Größe relevant sein. Es sei vorausgeschickt, dass die getroffenen Annahmen und Thesen selbstverständlich nicht sämtliche Unternehmen betreffen. Die Praxis zeigt jedoch häufig ein korrespondierendes Bild.

Die Anforderungen der GoBD berühren gleichermaßen die Abteilungen IT und Rechnungswesen/Steuern eines Unternehmens. Gleichzeitig besitzen beide Bereiche mehr Gemeinsamkeiten, als auf den ersten Blick anzunehmen ist:

- Es handelt sich um Kostenstellen, die in der Regel nicht zu den Erlösen eines Unternehmens beitragen, sondern sich in erster Linie auf der Aufwandseite auswirken.
- Aufgrund des Kostencharakters sind beide Bereiche tendenziell knapp mit Budget ausgestattet. Die Auslastung der einzelnen Mitarbeiter ist daher in der Regel hoch, was wiederum zu einer gewissen Aversion gegenüber Veränderungen führt.
- Sowohl IT als auch Rechnungswesen/Steuern handeln im höchsten Maße gemäß externen Vorgaben und sind eher wenig von Eigeninitiative geprägt.

Aufgrund dieser Gemeinsamkeiten sitzt man also nicht nur in „einem Boot", weil man in der gleichen Firma arbeitet, sondern auch weil die grundsätzlichen Handlungsmaximen große Überschneidungen aufweisen.

Gleichzeitig gibt es zwischen beiden Bereichen aber auch fundamentale Unterschiede:

- Im Innenverhältnis ist die IT eher der Auftragnehmer, während Rechnungswesen/Steuern als Auftraggeber der IT agiert.
- Beide Bereiche erfordern intensives Spezialwissen, welches jedoch nur wenig Überschneidung mit dem jeweils anderen Wissensgebiet hat. Dies resultiert zwangsläufig in Kommunikationsproblemen, die oft auch nicht durch noch so ausgefeilte Konzeptionsvorlagen und darauf basierenden Konzepten behoben werden können.
- Der Mangel an qualifiziertem Fachpersonal ist in der IT ausgeprägter. Daher wird hier auch verstärkt mit externen Ressourcen gearbeitet. Diese Tendenz wird zudem noch durch einen allgemeinen Trend zum Outsourcing von Infrastruktur (bspw. in die Cloud) verstärkt.

Change Requests

IT-Abteilungen sind hinsichtlich möglicher Änderungen üblicherweise viel stringenter strukturiert als die Abteilung Rechnungswesen/Steuern. Änderungen in der IT erfordern in der Regel einen sog. „Change Request (CR)", also wörtlich übersetzt eine Anforderung zur Änderung bzw. Erweiterung. Diese CRs können bzw. müssen als Konzept formuliert werden, was wiederum einen gewissen Aufwand auf Fachseite mit sich bringt. CRs können in sog. Ticketsystemen geführt werden, in denen häufig auch die Zeiterfassung der Mitarbeiter festgehalten wird. Diese ist wiederum ein wichtiger Bestandteil für die internen Verrechnungen und Kostenplanungen.

Im Übrigen ist ein häufiger Diskussionspunkt, ob ein während eines Testlaufs durch die Fachabteilung aufgedecktes Defizit tatsächlich vom bestehenden CR abgedeckt wird oder gar ein neuer CR gestellt werden muss. Naturgemäß sind die Bestrebungen zur einen oder anderen Interpretation von Fehlern bei beiden Beteiligten entgegengesetzt. Während Fachabteilungen möglichst wenige CRs stellen wollen, weil dies stets mit Aufwand verbunden ist, streben die IT-Abteilungen eine zügige Abarbeitung der CRs an, da dies u.a. zu den internen Qualitätsmerkmalen zählt und für einzelne Mitarbeiter durchaus vergütungsrelevant sein kann.

Was es in der Praxis zu vermeiden gilt, ist eine fehlende Kommunikation von CR-Anpassungen von der IT an die Fachseite. Diese entstehen bspw. aus mündlichen Absprachen oder IT-spezifischem Übersetzungsbedarf. Abweichende Formulierungen von Anforderungen bei Fachseite und IT haben immer das Potenzial, Unstimmigkeiten und Konflikte hervorzurufen. Auch wenn nicht zu erwarten ist, dass die Fachseite sämtliche technischen Inhalte versteht, sollten IT-seitige Anpassungen am Konzept stets kommuniziert werden.

Projektansätze

Gemeinsame Projekte finden üblicherweise in Form von neu zu implementierenden Prozessen bzw. Softwareprodukten statt. Da auch die Verwendung von Software stets einen begleitenden Prozess erfordert, beziehen sich die folgenden Ausführungen auf die Implementierung von IT-basierten Prozessen, wie z.B. die Einführung eines Scanverfahrens von Eingangsrechnungen inklusive der nachgelagerten Verarbeitung. Hierfür ist ein Projekt aufzusetzen, bei dem IT und Rechnungswesen/Steuern gleichermaßen beteiligt sind.

Für die erfolgreiche Durchführung eines Projekts sollte zunächst angestrebt werden, die Kommunikationshürden zu überwinden, um ein gegenseitiges abteilungsübergreifendes Verständnis füreinander zu schaffen.

Praxistipp:
Bevor GoBD-spezifische Maßnahmen im Unternehmen eingeleitet werden, sollte zumindest informell eine gute Beziehung zwischen IT und Rechnungswesen/Steuern hergestellt werden. Dies funktioniert üblicherweise am besten, indem Personen eingesetzt werden, die in beiden Bereichen über ausreichend Wissen verfügen und so ggf. mediatorisch tätig werden können. Findet sich intern eine solche Person nicht, sind ggf. externe Ressourcen heranzuziehen.

Ebenso wichtig wie die Zusammensetzung des Projektteams ist auch die Art, wie der Projektablauf strukturiert wird. Insbesondere in der Bundesrepublik Deutschland als Land mit sehr ausgeprägtem „Ingenieursdenken" hat sich mit dem sog. Wasserfallmodell[11] eine Projektvorgehensweise durchgesetzt, die sowohl in der IT als auch in Rechnungswesen/Steuern nicht unbedingt den tatsächlichen Anforderungen entspricht, was die folgenden Absätze verdeutlichen sollen.

Beim Wasserfallmodell folgt auf die Konzeptionsphase, die Umsetzung und anschließend der Test sowie die Freigabe bzw. Auslieferung. Danach wird angenommen, dass das Projekt abgeschlossen ist und der zugrundeliegende Prozess funktioniert. Dieser Annahme folgt dann auch die Budgetierung der Geschäftsleitung, welche häufig keine Folgeaufwände oder Puffer für unvorhergesehene Ereignisse vorsieht.

Obwohl ursprünglich aus dem IT-Bereich kommend haben viele IT-Abteilungen hierzulande eher wenig Erfahrung mit agilen Methoden. „Agil" bedeutet in diesem Zusammenhang, dass schneller auf äußere

11 Vgl. https://www.dev-insider.de/was-ist-das-wasserfallmodell-a-680501 (zuletzt abgerufen am 03.06.2020).

Einflüsse reagiert werden kann, indem die o.g. Entwicklungszyklen des Wasserfallmodells mehrmals durchlaufen werden – allerdings nicht für das gesamte Projekt, sondern immer nur für kleinere Teilabschnitte oder Funktionserweiterungen. Jeder Zyklus soll im Ergebnis einen funktionierenden Prozess bzw. ein funktionierendes Produkt hervorbringen, welches dann vom Auftraggeber zu testen ist. So kann dieser eventuelle Defizite, aber auch Planungsfehler seinerseits erkennen und noch in der Entwicklungsphase korrigieren lassen. Agile Methoden sind somit deutlich praxisorientierter als das Wasserfallmodell.

Natürlich kann auch mit diesem Ansatz ein Projekt scheitern. In der Praxis ist oft zu hören, dass die stetigen Tests von nicht vollständig umgesetzten Funktionalitäten in eine Endlosschleife hineinführen, da von der Fachseite immer wieder neue Anpassungen und Erweiterungen gewünscht werden. Daher sehen agile Methoden auch Instanzen bzw. Rollen vor, die solche Entwicklungen entdecken und vermeiden. Gleichzeitig erfordern agile Methoden einen weitaus höheren informellen Abstimmungsbedarf – bspw. durch täglich anzusetzende Meetings.

Vereinzelt sieht man auch eine Kombination zwischen agilen Ansätzen und dem Wasserfallmodell. Hier ist das Risiko von Budgetüberschreitungen jedoch besonders hoch, da voll ausformulierte Konzepte einen hohen Aufwand auf Fachseite erfordern, während die agilen Methoden durch die hohe Meeting-Intensität gleichzeitig den Gesamtaufwand nach oben treiben.

Reifegrade

Im Gegensatz zum Wasserfallmodell folgen agile Methoden der Grundauffassung, dass ein initial implementierter Prozess bzw. ein Produkt noch gar nicht optimal funktionieren kann, weil die Realität immer wieder Punkte zu Tage bringt, die während der Entwicklung nicht bedacht wurden. Zunächst weist der Prozess bzw. das Produkt also einen niedrigen Reifegrad auf. Durch mehrmaliges Durchlaufen des Entwicklungszyklus beim agilen Ansatz wird der Reifegrad stetig erhöht. Reifegrade sind auch zentrale Elemente von sog. IT-Governance-Frameworks (wie z.B. COBIT). Die Reifegrade nach COBIT sind der folgenden Abbildung zu entnehmen:

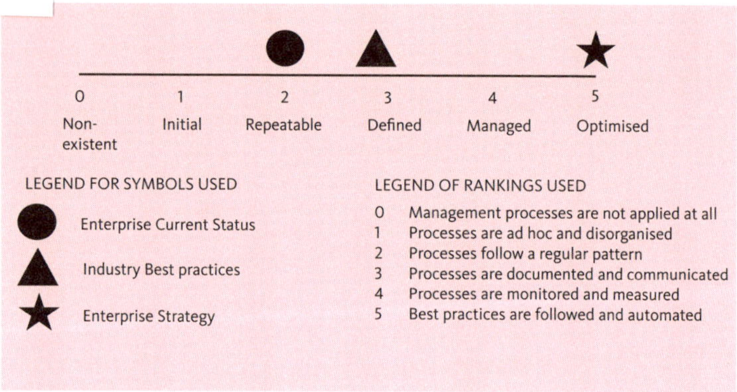

Abb. 1.2 Reifegradmodell nach COBIT[12]

Die abgebildeten Reifegrade sind im Übrigen analog im vom Bundesamt für Sicherheit in der Informationstechnik (BSI) veröffentlichten IT-Grundschutz[13] definiert. Reifegrade können sich auf die unterschiedlichsten Ebenen bzw. Einheiten beziehen wie z.B. Dokumentationen, Systemimplementierungen oder auch den Zustand eines kompletten Informationssicherheitsmanagementsystems (ISMS). Am geläufigsten ist jedoch die Anwendung auf Prozesse und Verfahren.

Hinweis:
Die GoBD verlangen, dass sämtliche Prozesse mit Rechnungslegungsrelevanz, also deren Ergebnisse in irgendeiner Form in die Steuererklärungen bzw. -anmeldungen eingehen, den Reifegrad 3 haben und damit verbindlich kommuniziert und dokumentiert sind.

Es ist zu beachten, dass Reifegrade nicht übersprungen werden können. So ist es bspw. unmöglich, ein Verfahren koordiniert zu wiederholen (Reifegrad 2), wenn es nicht einmal initial (Reifegrad 1) ausgeführt wurde. Ferner kann man anhand der Abbildung erkennen, dass nach dem Reifegrad 3, also der Zielsetzung der GoBD, auch noch die Reifegrade 4 und 5 folgen. Diese verlangen, dass ein Prozess überwacht, gemessen und schließlich auch optimiert wird – ein wohl nicht von der Hand zu

12 https://www.isaca.org/resources/cobit (zuletzt abgerufen am 03.06.2020).
https://www.bsi.bund.de/ (zuletzt abgerufen am 03.06.2020).

weisendes strategisches Unternehmensziel, da optimierte Prozesse effizient ablaufen und so ein ideales Kosten-Nutzen-Verhältnis haben sollten. Berücksichtigt man die Tatsache, dass Reifegrade nicht übersprungen werden können, so folgt daraus, dass eine Prozessoptimierung ohne vorhergehende Dokumentation nicht möglich ist. Anders ausgedrückt:

i

Hinweis:
Ohne Dokumentation gibt es kein Potenzial zur Prozessoptimierung. Beginnen Sie JETZT mit der Dokumentation Ihrer wichtigsten Prozesse.

Budgetschätzung

Die zuvor genannte These wird in der Praxis stetig untermauert, indem bspw. Unternehmensberater zunächst die Ist-Prozesse aufnehmen, also dokumentieren, um anschließend das Verbesserungspotenzial zu erarbeiten. Selbstverständlich ist es auch Mitarbeitern des Unternehmens möglich, genau dies zu tun. Zugleich können interne, verkrustete Strukturen und teilweise auch Mauern innerhalb sowie außerhalb der Abteilungen wesentliche Hindernisse darstellen. Dennoch ist insbesondere eine Bestandsaufnahme der Ist-Kosten zu Beginn eines jeden Digitalisierungsprojekts unerlässlich, da für die Argumentation einer Budgetanfrage künftige Kosteneinsparungen eine nicht zu unterschätzende Rolle spielen. Lediglich „State of the Art" zu sein, überzeugt wohl die wenigsten Geschäftsführer von der Notwendigkeit anstehender Investitionen.

So kann eine Dokumentationserstellung durchaus als Vorstudie für künftige Projekte fungieren, wenngleich sie gem. GoBD ebenso eine zwingende Voraussetzung für die Erlangung der steuerrechtlichen und buchhalterischen Ordnungsmäßigkeit ist. Hierbei ist die Erfassung der Ist-Prozesse keinesfalls als freiwillige Kür in Hinblick auf die zukünftig optimierten und dokumentierten Prozesse zu sehen. Die GoBD sind seit dem 1. Januar 2015 in Kraft und die Dokumentation von Verfahren und Systemen sind ab diesem Zeitpunkt vorzuhalten.

Gelingt es nicht, die Geschäftsführung von einem vorgelagerten Dokumentationsprojekt zu überzeugen, weil ganzheitliche Ansätze erwartet werden, so sollte dennoch die Aufnahme des Status quo der erste Schritt im Gesamtprojekt sein. Konkrete Maßnahmen, wie insbesondere die Anschaffung und die Implementierung von benötigter Software sowie der interne und externe Aufwand, sind dann jedoch ohne eine hinreichende Informationsgrundlage nur schwer abzuschätzen. In der Praxis werden die benötigten Aufwände tendenziell unterschätzt, anstatt zu hoch angesetzt.

Praxistipp:
Sind Sie in der Situation, den voraussichtlichen Aufwand für ein Projekt für die Budgetierung und Freigabe schätzen zu müssen, nehmen Sie den durch Sie sorgfältig ermittelten Aufwand mal zwei. Es ist überraschend, wie oft dies nah an die späteren tatsächlichen Aufwände herankommt.

Ein weiterer Ansatz, der in der Praxis oftmals zu kurz kommt, ist das sog. Prototyping – oder auch Proof of Concept (POC). Erwägt man bspw. die Einführung eines Scanverfahrens, so kann es durchaus ratsam sein, bereits während der Konzeption einen Scanner anzuschaffen und anhand der mitgelieferten Clientsoftware begleitende Tests durchzuführen. So erhält man ein vergleichsweise realistisches Bild der Möglichkeiten und Herausforderungen des zu implementierenden Prozesses im Gegensatz zu den rein theoretischen Überlegungen. Der Einsatz von Testsystemen und das Ausprobieren von Einstellungsänderungen gehen in eine ähnliche Richtung, die neben dem Gewinn von praktischen Erfahrungen auch verbesserte Kenntnisse des verwendeten Systems an sich liefern sollte.

2 Ordnungsmäßigkeitskriterien

2.1 Überblick

Die Konformität zu den GoBD wird in der Einhaltung von sog. Ordnungsmäßigkeitskriterien definiert, die neben anderen Vorgaben in der folgenden Tabelle aufgeführt sind:

Kriterium	HGB	AO	IDW RS FAIT I	GoBD
Prüfbarkeit	§ 238 Abs. 1	§ 145 Abs. 1	Tz. 33	3.1
Schutz vor Verlust und ungewollter Veränderung	§ 239 Abs. 3	§ 146 Abs. 4	Tz. 32	3.2.5
Vollständigkeit	§ 239 Abs. 2	§ 146 Abs. 1	Tz. 26	3.2.1
Richtigkeit	§ 239 Abs. 2	§ 146 Abs. 1	Tz. 27	3.2.2
Zeitgerechtheit		§ 146 Abs. 1	Tz. 28	3.2.3
Ordnung	§ 239 Abs. 2	§ 146 Abs. 1	Tz. 30	3.2.4
Lesbarkeit		$ 147 Abs. 5		10.2
Vertraulichkeit			Tz. 23	
Verbindlichkeit			Tz. 23	
Autorisierung			Tz. 23	
Authentizität			Tz. 23	

Tab. 2.1 Ordnungsmäßigkeitskriterien

Es ist zu erkennen, dass die GoBD bei Weitem nicht der einzige Standard sind, welche die Erfüllung von Ordnungsmäßigkeitskriterien vorschreiben. Sowohl die Stellungnahmen des IDW als auch die einschlägigen gesetzlichen Grundlagen (AO und HGB) fordern nicht nur die Einhaltung der GoBD-spezifischen Kriterien, sondern ebenso die Befolgung ergänzender Vorschriften, wie bspw. Vertraulichkeit und Verbindlichkeit.

2.2 Die Kriterien im Einzelnen

2.2.1 Prüfbarkeit

Unter dem Ordnungsmäßigkeitskriterium der Prüfbarkeit sind mehrere Anforderungen zusammengefasst. Neben dem Schutz vor Verlust und ungewollter Veränderung[14] ist dieses Kriterium ein sehr wesentliches, da dessen Erfüllung implizit auch die Konformität zu anderen Anforderungen wie bspw. Vollständigkeit und Ordnung gewährleistet.

Um die Prüfbarkeit zu gewährleisten, muss die sog. Belegfunktion[15] erfüllt sein, die dem Grundsatz folgt, dass keine Buchung ohne Beleg getätigt wird und somit Grundvoraussetzung für die Beweiskraft der Buchführung ist.[16] Die Rz. 77 der GoBD führt tabellarisch die Inhalte auf, die in einem Beleg enthalten sein sollen. Hiermit ist nicht gemeint, dass diese Angaben zwingend alle auf dem physischen Beleg aufgeführt sein müssen. Vielmehr lässt sich aus der Rz. 64 GoBD herleiten, dass die inhaltlichen Anforderungen auch durch andere Aufzeichnungen (bspw. in der Finanzbuchhaltung oder in Vorsystemen) erfüllt werden können. Es wird dort zwar grundsätzlich unterschieden zwischen Papierbelegen und elektronische Belegen, aber im letzten Satz heißt es unabhängig davon: „Ein Steuerpflichtiger hat andernfalls durch organisatorische Maßnahmen sicherzustellen, dass die Geschäftsvorfälle auch ohne Angaben auf den Belegen in angemessener Zeit progressiv und retrograd nachprüfbar sind."

Mit der besagten progressiven und retrograden Prüfbarkeit[17] ist gemeint, dass ein Beleg sich über Indizierungen und einer korrespondierenden Dokumentation über die Einzelposten und Sachkonten bis hin zu dessen Niederschlag in der Bilanz und GuV nachverfolgen lassen muss (progressive Prüfbarkeit). Zusätzlich ist noch der Weg von der Bilanz/GuV hin zu den Steueranmeldungen bzw. -erklärungen nachvollziehbar zu gestalten. Die retrograde Prüfbarkeit verläuft genau andersherum, indem aus den Werten der Steueranmeldungen bzw. -erklärungen, die Sachkonten bzw. Nebenrechnungen ermittelbar sein müssen, und hieraus auf den Beleg rückgeschlossen werden kann.

Bei Belegen, die sich als einzelne Buchung in der Finanzbuchhaltung wiederfinden, stellt dies i.d.R. keine allzu große Herausforderung dar, wenn die Finanzbuchhaltung selbst das eindeutige Merkmal zur Identifizierung des Belegs führt (z.B. Buchungsbelegnummer, Nummer der

14 Siehe Kapitel 2.2.2. Schutz vor Verlust und Veränderung.
15 Vgl. Rz 30 sowie Kapitel 4 GoBD.
16 Vgl. Rz. 61 GoBD.
17 Vgl. Rz. 32 GoBD.

Ausgangsrechnung etc.) und der Beleg bei entsprechender Ablage wohl leicht ermittelbar ist – vorausgesetzt, die korrespondierenden Referenzfelder in der Finanzbuchhaltung sind bekannt und korrekt befüllt.

Anders kann es immer dann aussehen, wenn eine Buchung mehrere Geschäftsvorfälle betrifft, die zusammengefasst also „verdichtet" Einzug in die Buchführung halten. Diese müssen aufgegliedert werden können, um den einzelnen Beleg einzusehen.

Beispiel

Die Thematik von verdichteten Buchungen soll am Beispiel eines Immobilienmanagementsystems erläutert werden. Hierbei handelt es sich oft um Buchführungssysteme, die speziell für die Anforderungen der Immobilienbranche entwickelt wurden und neben den grundsätzlichen Funktionalitäten einer Finanzbuchhaltung branchenspezifische Funktionen (z.B. Vertragsanlage) zur Verfügung stellen.

Es wird im Beispiel davon ausgegangen, dass die einzelnen Geschäftsvorfälle im Vorsystem (Immobilienmanagementsystem) erfasst werden und einmal monatlich, verdichtet auf Kontenebene, über eine Schnittstelle in die Finanzbuchhaltung importiert werden. Hierbei soll es sich um eine, in der Praxis häufig verwendete Dateischnittstelle handeln. D.h., das Quellsystem generiert die Buchungssätze in einem von der Finanzbuchhaltung geforderten Format, legt diese auf einem geteilten Verzeichnis ab, von dem aus die Datei wiederum in das Finanzbuchhaltungssystem importiert wird. Auf den Grad der Automatisierung kommt es in dem Beispiel nicht an. Die technischen Mindestinhalte einer solchen Datei, um eine Buchung durchzuführen, wären im Prinzip lediglich die Kontonummer, der Betrag und das Buchungsdatum. Funktional sind in der Regel auch noch weitere Merkmale erforderlich, wie bspw. eine Kostenstelle, eine Sparte, ein Buchungstext oder eine wie auch immer geartete Referenz zu den ursprünglichen Geschäftsvorfällen.

Der Weg vom Beleg hin zur Buchung in der Finanzbuchhaltung, sowie die hierbei auftretenden Fragestellungen sind in **Abb. 2.1** aufgeführt und werden im Folgenden näher erläutert:

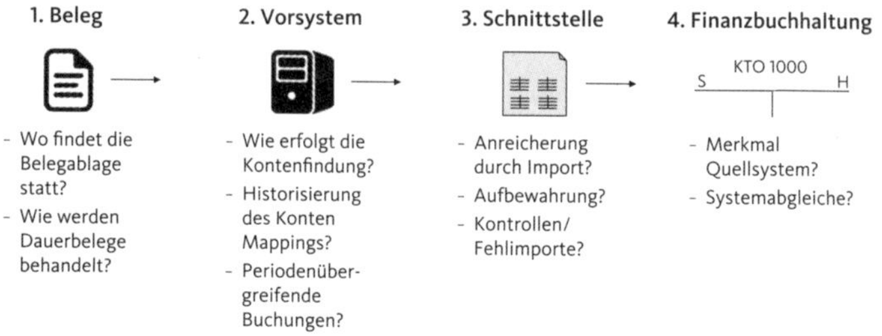

Abb. 2.1 Verdichtete Buchungen

Bezüglich 1. Beleg:

Bei verdichteten Buchungen ist zunächst zu beachten, dass innerhalb der Finanzbuchhaltung kein Zugriff auf den Beleg, der den einzelnen Geschäftsvorfall begründet, erfolgen kann, da dieser hier gar nicht geführt wird. Stattdessen ist er neben anderen Belegen innerhalb einer Sammelbuchung enthalten. Nur das Vorsystem führt den eindeutigen Geschäftsvorfall und somit den eindeutigen Bezug zum Beleg. Insbesondere beim Betrieb von einem zentralen DMS ist also darauf zu achten, dass auf dieses von mehreren Systemen aus zugegriffen können werden muss.

Bezüglich 2. Vorsystem:

In Bezug auf die zu exportierenden Buchungen hat das Vorsystem in der Regel die Aufgabe, die Importschnittstelle der Finanzbuchhaltung in einem vorgegebenen Format zu beliefern. Neben der rein formattechnischen Aufbereitung der Aufzeichnungen müssen auch die Inhalte konform zur Finanzbuchhaltung sein. Oftmals führen die Vorsysteme die Kontenpläne der Finanzbuchhaltung nicht eins zu eins, sodass innerhalb des Vorsystems eine Zuordnung der dort enthaltenen Konten zu den Hauptbuchkonten vorzunehmen ist (sog. Kontenmapping). Manche Systeme führen nicht einmal Konten (z.B. Kassen), sondern andere Parameter wie Zahlungswege oder Sparten, die dann wiederum zu den Sachkonten des Hauptbuchs zu mappen sind. Es ist hervorzuheben, dass derlei Kontenmappings aufbewahrungspflichtig[18] und in versionierter Form vorzuhalten sind. Nur so ist die progressive und retrograde Prüfbarkeit zu gewährleis-

[18] Vgl. Rz. 97 GoBD.

ten, da ein Abgleich zwischen Vorsystem und Hauptbuch bei einem unzutreffenden Mapping unmöglich wird.

Ein weiterer wichtiger Punkt im Kontext des Vorsystems ist der Umgang mit Vorgängen, die nicht dem geplanten Ablauf entsprechen (z.B. Storni, nachträgliche Erfassungen etc.). Es ist zu dokumentieren, wie mit derlei Sachverhalten umgegangen wird. Erhält bspw. die Hausverwaltung einen Beleg von einem Baumarkt verspätet (nach Übertrag der monatlichen Summen), weil der einkaufende Mitarbeiter vergessen hat, diesen einzureichen, ist zu klären und zu dokumentieren, wie mit diesem Beleg zu verfahren ist. Findet ein zusätzlicher Übertrag statt? Wird der ursprüngliche Übertrag storniert und inklusive des nachgereichten Beleges nochmals angestoßen? Erfolgt die Erfassung in der Folgeperiode? Etc.

Bezüglich 3. Schnittstelle:

Schnittstellen sind in der Datenverarbeitung im Allgemeinen oftmals ein Risiko und daher zwingend zu kontrollieren. Dies liegt vor allem darin begründet, als dass Schnittstellen in der Regel automatisiert ablaufen und Fehler daher auch systematisch, d.h. wiederholt, auftreten. Bleiben die Kontrollen aus, kann dies also zu Fehlübertragungen von Beträgen in wesentlicher Höhe führen. In der Praxis ist des Öfteren zu beobachten, dass die Kontrolle von Schnittstellen nur unzureichend stattfindet, da der Technik offenbar nur wenige Fehler zugetraut werden.

Schnittstellendaten können auch aufbewahrungspflichtig sein – bspw. wenn sie Unterlagen im Sinne des § 147 Abs. 1 AO wie Buchungsbeleg oder Handelsbriefe repräsentieren oder eine progressive und retrograde Prüfbarkeit ohne diese Daten unmöglich ist.

Sofern die zu übertragenden Daten vom Quellsystem in eine Datei geschrieben werden, welche dann wiederum vom Zielsystem ausgelesen wird, kann es sein, dass die Daten innerhalb dieser Datei angepasst oder ergänzt werden. Üblicherweise ist das der Fall, wenn ein Import in das Zielsystem nur mit diesen Anpassungen möglich ist, weil bspw. eine Kontierung im Quellsystem nicht stattfand oder weitere Parameter wie Kostenstellen oder Sparten ergänzt werden müssen, die das Quellsystem gar nicht führt.

Finden solche Anpassungen statt, ist es unbedingt empfehlenswert, beide Dateiversionen, also die unveränderte und die ergänzte, über die gesamte Dauer der gesetzlichen Aufbewahrungsfrist vorzuhalten (siehe hierzu auch Kapitel 5.1. Aufbewahrungspflichtige Unterlagen).

Bezüglich 4. Finanzbuchhaltung:

Gerade wenn mehrere gleichartige Systeme Schnittstellen in die Finanzbuchhaltung haben, die u.U. sogar dieselben Konten ansprechen, muss klar sein, welches System welche Daten geliefert hat. Jede Finanzbuchhaltung verfügt über Referenzfelder, die hierfür genutzt werden können. Selbstredend muss die Importschnittstelle in der Lage sein, diese anzusprechen, und das zuliefernde System muss diese Informationen auch bereitstellen können.

Auch wenn es aus den o.g. Gründen oft schwierig ist, einen vollständigen Systemabgleich zwischen Finanzbuchhaltung und Zuliefersystem zu tätigen, sollte zumindest aufgezeigt werden, aus welchen Gründen dies genau der Fall ist. Idealerweise sollten sich die Unternehmen in die Lage versetzen, diese Abgleiche dennoch durchführen zu können.

Der Erhalt der progressiven und retrograden Prüfbarkeit ist auch vor dem Hintergrund unabdingbar, als dass in der Neufassung der GoBD zahlreiche Randziffern um die sog. Einzelaufzeichnungsplicht[19] erweitert wurden. Es liegt die Vermutung nahe, dass im Zuge von Außenprüfungen einige Defizite in diesem Bereich aufgedeckt wurden, was sich auch in den praktischen Erfahrungen des Autors widerspiegelt. So wurde bspw. bei einem Hotel in einem nördlichen Bundesland seitens der steuerlichen Außenprüfung eine Hinzuschätzung vorgenommen, weil die Daten der Registrierkassen lediglich auf Belegkopfebene (also u.a. unter Angabe der Belegnummer, des Rechnungsbetrags und des Zahlungswegs) vorlagen. Aus den überlassenen Unterlagen war also nicht ersichtlich, aus welchen Artikeln sich der Beleg zusammensetzte. Die Hinzuschätzung betrug am Ende der Verhandlungen 10 % der Barumsätze des Unternehmens.

[19] Vgl. u.a. Rzn. 25 und 36 der GoBD.

Schnittstellen

Die im Beispiel angesprochenen „externen“ Schnittstellen spielen eine zentrale Rolle bei der Forderung nach progressiver und retrograder Prüfbarkeit und sollten daher stets Schwerpunkt für zu implementierende Kontrollen sein. Die GoBD sprechen in diesem Kontext von sog. „unkonventionellen Belegen“, die besonderen Anforderungen hinsichtlich Dokumentation sowie Buchungs- und Änderungsnachweisen gerecht werden müssen.[20] Neben der Kontrolle solcher Schnittstellen ist demnach auch verstärkter Wert auf die Dokumentation zu legen, in welcher die exakte Arbeitsweise (sog. programminterne Vorschriften) zu beschreiben ist. Gleiches gilt im Übrigen für sog. Dauersachverhalte, also Buchungen, die stets aus einem einzigen gemeinsamen Beleg resultieren (z.B. AfA-Buchungen aus den Anschaffungsbelegen der Sachanlagen, Pachtzahlungen aus Verträgen für Dauermietverhältnisse).[21]

Es ist ferner zu berücksichtigen, dass neben externen Programmen auch Module aus demselben IT-Umfeld wie die Finanzbuchhaltung Daten liefern können. Dies ist in der Regel bei integrierten ERP-Systemen wie bspw. SAP ERP® der Fall. Das System verfügt über verschiedene Module, welche Daten nicht über Dateischnittstellen austauschen, sondern über ein integriertes Datenbanksystem. Das Modul SAP SD (Sales and Distribution) erzeugt bspw. Ausgangsrechnungen, die naturgemäß zu Buchungen in der Finanzbuchhaltung (SAP FI) führen, welche im Zuge des Erfassungsvorgangs der Faktura über die interne Programmlogik getätigt werden. Die Richtigkeit und Vollständigkeit einer solchen internen Schnittstelle infrage zu stellen, bedeutet, die Funktionsweise des Systems als solches anzuzweifeln. Es ist fraglich, ob das bei einer Standardsoftware Aufgabe des Steuerpflichtigen sein kann. Insbesondere wenn das System über ein Softwaretestat (bspw. nach IDW PS 880) verfügt und bei der Übertragung in die Finanzbuchhaltung keine Eigenentwicklungen vorgenommen wurden, kann von der korrekten Arbeitsweise solcher internen Schnittstellen ausgegangen werden.

Schließlich sei noch erwähnt, dass Daten eines Systems auch händisch durch bloßes Abtippen in ein anderes System übertragen werden können. Auch hierbei handelt es sich um eine kontrollwürdige Schnittstel-

20 Vgl. Rz. 80 GoBD.
21 Vgl. Rz. 81 GoBD.

le, deren Fehlerpotenzial allerdings nicht systematischer, sondern eher individueller Natur ist, wenn bspw. Tippfehler begangen werden. Letztlich sind auch solche Eingaben – bspw. mit einem Vier-Augen-Prinzip – zu validieren.

2.2.2 Schutz vor Verlust und Veränderung

Neben der progressiven und retrograden Prüfbarkeit ist der Schutz vor Verlust und ungewollter Veränderung ein sehr zentrales Ordnungsmäßigkeitskriterium, dessen Verletzung zu einem formellen Mangel in der Buchführung führen kann und dies in der Regel auch tut.

Veränderungen sind grundsätzlich nicht verboten. Sie müssen jedoch so durchgeführt werden, dass auf den ursprünglichen Inhalt rückzuschließen ist[22] und auch erkennbar ist, dass eine Änderung stattgefunden hat. IT-seitig ist anzumerken, dass das Dateiformat niemals allein eine Unveränderbarkeit sicherstellen kann. Ein MS Word-Dokument kann jederzeit von einem Anwender mit den entsprechenden Office-Programmen geändert werden und hat deshalb einen eher schlechten „Leumund", was Unveränderbarkeit anbelangt. Es ist jedoch zu berücksichtigen, dass auch PDF-Dateien oder Bildformate jederzeit unter Verwendung einer entsprechenden Software geändert werden können. Dem Endanwender ist dies oft nicht bewusst, da solche Programme in der Regel nicht zur Standardausstattung des Arbeitsplatzrechners zählen oder schlicht nicht verwendet werden. Das ändert aber nichts daran, dass PDF- und Bilddateien aus technischer Sicht den gleichen Stellenwert hinsichtlich der Unveränderbarkeit haben wie Dokumente zur Textverarbeitung und Tabellenkalkulation.

Die GoBD tragen dem Rechnung, indem Aussagen über das Format stets auf den Grad der Auswertbarkeit[23] oder den Informationsgehalt bei Umwandlung Bezug nehmen und niemals auf die Unveränderbarkeit. Gleichzeitig wird in Rz. 110 herausgestellt, dass eine „Ablage von Daten und elektronischen Dokumenten in einem Dateisystem die Anforderungen der Unveränderbarkeit regelmäßig nicht erfüllt, soweit nicht zusätzliche Maßnahmen ergriffen werden, die eine Unveränderbarkeit gewährleisten". Letztlich ist die Formulierung etwas ungünstig gewählt, da der

[22] Vgl. § 146 Abs. 4 AO.
[23] Vgl. u.a. Rz. 76 GoBD.

erste Halbsatz suggeriert, dass ein Dateisystem keine Unveränderbarkeit gewährleisten kann, obwohl letztlich alle Daten in genau diesem gespeichert werden. In derselben Randziffer wird vermerkt, dass Schutz vor Veränderung durch folgende Mechanismen gewährleistet werden kann:

- hardwaremäßig (unter Verwendung entsprechender Datenträger)
- softwaremäßig (u.a. Festschreibung, Versionierung, Historisierung etc.)
- organisatorisch (mittels Zugriffberechtigungen)

In der Praxis ist die Verwendung von Festplatten, die Änderungen an Daten verbietet (sog. WORM-Medien – Write Once Read Many) nicht mehr allzu häufig anzutreffen, ebenso wenig wie eine Speicherung auf CD/DVD. Insofern ist die Unveränderbarkeit üblicherweise softwaremäßig oder organisatorisch sicherzustellen. Eine weitere Ebene, die erwähnenswert ist, aber in den GoBD nicht genannt wird, ist die IT-Infrastruktur. Hierbei handelt es sich um allgemeine Maßnahmen zum Schutz der IT wie bspw. die redundante Datenspeicherung in sog. RAID-Umgebungen, die räumlich getrennte Vorhaltung von Backups etc.

Speicherung von Daten

Betrachtet man Dateisysteme wie bspw. jene von Microsoft Windows®, so ist die organisatorische Regelung der Zugriffe auf einen zur dauerhaften Speicherung gedachten Speicherplatz mittels Autorisierung nicht leicht zu realisieren. Es müssten Ordner angelegt werden, die ein Hinzufügen von Dateien erlauben, also Schreibrechte gewähren. Gleichzeitig wären diese Schreibrechte auf Dateiebene zu entziehen, da einmal der langfristigen Aufbewahrung zugeführte Dateien nicht mehr geändert werden dürfen. Eine Löschmöglichkeit darf es erst nach Ablauf der gesetzlichen Aufbewahrungsfrist geben und es müssen sich Gedanken über den Umgang mit fehlerhaften Ablagen gemacht werden. So wäre zumindest noch ein Administrator vorzusehen, welcher Verschiebungen oder Löschungen an den Dateien vornehmen kann, nachdem diese von einer autorisierten Person beauftragt wurden.

Doch auch die Wiederauffindbarkeit von Dateien spielt eine wichtige Rolle. Ein Dateisystem verfügt nur über eine einfache Suchfunktion, die noch dazu nicht zwingend performant ist und stets auf den konkreten Dateispeicherort abzielt. Eine Verschlagwortung oder ergänzende Indizierung ist bei einem Standarddateisystem nicht vorgesehen.

i

Hinweis:
Eine aufbewahrte Datei, die nicht oder nur mit erheblichem Aufwand wiedergefunden werden kann, gilt als nicht aufbewahrt.

Die o.g. Problemstellungen führen dazu, dass das Dateisystem allein im Grunde nicht der dauerhaften Aufbewahrung von Dokumenten genügt. Die bereits in Kapitel 1.3.2 angesprochenen DMS sorgen dafür, dass die Komplexität der Zugriffsberechtigungen softwareseitig abstrahiert werden. So kann bspw. mit den Autorisierungsmechanismen des DMS entschieden werden, ob eine Änderung von Dateien oder eine Löschung möglich sein soll. Automatismen innerhalb der Software können zudem dafür sorgen, dass u.a.

- eine physische Löschung gar nicht erfolgt, sondern lediglich ein Löschmerker gesetzt wird und die Datei bei entsprechenden Berechtigungen wieder im Zugriff ist.
- eine Veränderung kenntlich gemacht werden kann, indem Hashwerte bei jeder Speicherung gebildet werden. Sind diese bei einer erneuten Generierung nicht identisch, deutet das auf eine Veränderung hin.
- Veränderungen gar nicht tatsächlich vorgenommen werden, sondern automatisiert eine neue Dateiversion gespeichert wird. Alle Versionen sind danach jedoch noch vorhanden.
- die Vergabe von Suchmerkmalen ein Wiederfinden der Dokumente aus unterschiedlichen Kontexten heraus ermöglicht.

Die konkreten Möglichkeiten der Zugriffssteuerung über ein DMS variieren selbstredend je nach Anbieter und Konfiguration.

i

Hinweis:
Die Unveränderbarkeit kann niemals durch das Dateiformat allein sichergestellt werden. Im Grunde kann nur die IT-Infrastruktur eine Unveränderbarkeit oder zumindest die Kennzeichnung einer Veränderung gewährleisten. Hierzu zählen die Vergabe von Berechtigungen auf Datensätze und/oder Dokumente sowie der Einsatz von Technologien, welche Änderungen anderweitig vermeiden bzw. kennzeichnen (z.B. elektronische Signatur, automatisierte Versionierungen).

Der o.g. Hashwert ist eine gängige Praxis innerhalb der EDV, die dazu dient, eine Veränderung einer Datei oder eines sonstigen digitalen Objektes zu erkennen. Es handelt sich um eine alphanumerische Prüfsumme, die innerhalb eines verwendeten Algorithmus immer die gleiche Länge hat – und das unabhängig von der Größe der Datei, für die der Hashwert gebildet wurde. Ein Hashwert ist immer eindeutig, d.h., er kann bei verschiedenen Dateien nicht doppelt vorkommen und ist somit „kollisionssicher". Naturgemäß ist es unmöglich, aus dem Hashwert wieder die Originaldatei herzustellen, da es sich gewissermaßen um den Fingerabdruck der Datei handelt, aus dem in der Analogie auch kein Mensch generiert werden kann. Häufig verwendete Algorithmen basieren auf dem Secure Hash Algorithm (SHA), der in unterschiedlichen Ausprägungen Schlüssel von unterschiedlicher Größe erzeugen kann.

Hashwerte sind in der Regel auch die Basis, um Dateien elektronisch zu signieren. Eine qualifizierte elektronische Signatur bietet im Gegensatz zum einfachen Hashwert nicht nur die Sicherheit, dass ein elektronisches Dokument unverändert ist, sondern dass es auch von dem Absender stammt, der die Signatur ausgestellt hat.

IT-Infrastruktur

Neben der reinen Speicherung von Daten kommt es auch darauf an, dass die Speichermedien selbst nicht beschädigt werden oder abhandenkommen. Hierfür haben in erster Linie die IT-Abteilungen zu sorgen und – sofern diese nicht vorhanden sind – die Geschäftsleitung. Der IDW RS FAIT 1 fordert in Kapitel 3.1 ein sog. Sicherheitskonzept, das die technologischen und organisatorischen Maßnahmen, um eine angemessene IT-Infrastruktur für die IT-Anwendungen zu gewährleisten, beinhaltet.[24] Weiterhin werden unter Ziffer 82 der Stellungnahme vier Sicherheitsmaßnahmen aufgezählt, die im Folgenden auch mit Beispielen angereichert werden:

- Physische Sicherungsmaßnahmen: Diese reichen über die Art des Zutritts zum Gebäude und sensiblen Bereichen wie Serverräume oder Vorstandsetage über die Ausstattung in Bezug auf Klimatisierung, Feuerlöschvorrichtungen und Ähnlichem.

[24] Vgl. Ziffer 22 IDW RS FAIT 1.

- Logische Zugriffskontrollen: Hierunter sind Passwortrichtlinien oder überhaupt die Notwendigkeit zu verstehen, Passwörter zu vergeben. Ferner gehört auch ein Konzept zur Autorisierung (siehe Kapitel 2.2.10. Autorisierung und Authentizität) dazu.
- Datensicherungsverfahren: Zu den Datensicherungsverfahren gehören sämtliche Backup-Maßnahmen, der Betrieb von RAID-Platten oder sonstige Datenspiegelungen.
- Auslagerungsverfahren: Datenauslagerungen betreffen die räumliche Trennung von Backups oder Spiegelungen der selbst verwalteten Datenbestände, aber auch das Datenmanagement durch einen Dienstleister (z.B. Cloud-Anbieter).

Ferner hat sich der Unternehmer über sog. Notfallszenarien Gedanken zu machen, d.h., ob die Wiederherstellung einzelner IT-Komponenten überhaupt möglich ist und wie lange dies dauert. In diesem Kontext ist selbstverständlich gemäß der Kritikalität für den Geschäftsbetrieb zu entscheiden. Ein Handwerker, der seine Arbeit auch ohne sein Auftragssystem ausführen und die notwendigen Aufträge und Fakturen notfalls auch per Hand oder mittels Office-Software erfassen kann, hat lange nicht den Bedarf an einer ständigen Aufrechterhaltung der IT-Infrastruktur wie ein Unternehmen, welches jeden Monat hunderte oder gar Tausende an Gehaltsabrechnungen erstellt.

Ist kein IT-Sicherheitskonzept vorhanden, in dem die o.g. Maßnahmen beschrieben sind, so ist dessen Erstellung unbedingt zu empfehlen. Neben der Tatsache, dass die Führung eines solchen Konzepts verpflichtend ist, sollte es darüber hinaus obligatorischer Anhang bei jeder Systemdokumentation gem. den GoBD sein.

Stammdaten

Eine besondere Rolle beim Thema Unveränderbarkeit kommt den Stammdaten zu, da diese im Auswertungsfall potenziell die Bedeutung von Bewegungsdaten verändern können. Gem. Rz. 111 GoBD ist dies unzulässig. Zum näheren Verständnis muss der Unterschied zwischen Stamm- und Bewegungsdaten auf Datenbankebene deutlich sein.

Bewegungsdaten sind Daten, die vom Grunde her dazu gedacht sind, laufend fortgeschrieben zu werden. Hierzu zählen sämtliche Transaktionsarten wie Buchungssätze, Ein- und Ausgangsrechnungen, Warenbewegungen etc. Eine Änderung von Bewegungsdaten im Kontext der Buchführung ist nicht erlaubt, wenn diese einmal erfasst wurden. Hier bestätigen Ausnahmen die Regel, wenn bspw. Stornokennzeichen gesetzt oder Referenzfelder nachträglich geändert werden, um die Auswertbarkeit bzw. Weiterverarbeitbarkeit zu verbessern.

Stammdaten können zwar auch erweitert bzw. geändert werden, haben aber im Gegensatz zu den Bewegungsdaten einen eher konstanten Charakter. Umsatzsteuerkennzeichen bleiben üblicherweise für eine lange Zeit unverändert und auch in ihrer Anzahl konstant – zumindest, bis sich Steuersätze ändern oder ggf. neuartige Geschäftsvorfälle abgebildet werden müssen, die umsatzsteuerlich bislang nicht behandelt sind.

Nahezu jedes ERP-System hält die Daten in einem sog. relationalen Datenbankmanagementsystem (RDBMS) fest. Dieses enthält mehrere (i.d.R. Hunderte oder Tausende) Tabellen, die über Schlüsselfelder miteinander verknüpft sind. Hierbei wird aus systemtechnischer Sicht stark darauf geachtet, dass Stamm- und Bewegungsdaten voneinander getrennt gespeichert werden. Der Grund hierfür liegt in dem Bestreben, sowohl Speicherplatz als auch Ausführungsgeschwindigkeit zu optimieren. Die folgende Abbildung zeigt ein Beispiel anhand eines Buchungssatzes (Bewegungsdaten) in Verbindung mit einer zugehörigen Kontentabelle (Stammdaten). Der Buchungssatz repräsentiert stark vereinfacht eine Ausgangsrechnung:

Bewegungsdaten

Tabelle TXW_FI_POS			
Beleg	Betrag	Soll/Haben	Konto
1001	119,00	S	1200
1001	-100,00	H	4000
1001	-19,00	H	3100
...			

Verweis

Stammdaten

Tabelle TXW_GLACC	
Konto	Bezeichnung
1200	Forderungen aus Lieferungen und Leistungen
4000	Umsatzerlöse
3800	Umsatzsteuera
1260	~~Forderungen gegenüber verbundenen Unternehmen~~ Forderungen gegenüber Gesellschaftern

Abb. 2.2 Stammdaten und Bewegungsdaten

Wie zu erkennen ist, wird in den Bewegungsdaten lediglich die Kontonummer geführt, nicht jedoch die Kontenbezeichnung. Es liegt in der Natur der Sache, dass eine Buchungszeile weitaus mehr Speicher in Anspruch nehmen würde, wenn hierin zusätzlich zur Kontonummer auch deren entsprechende Bezeichnung geführt wäre. Bedenkt man, dass eine Buchungszeile noch mehr Informationen als die Abgebildeten enthält, wie bspw. Belegarten, Kunden- und Lieferantennummern, Steuerkennzeichen etc., würde eine zusätzliche Integration dieser Stammdaten zu einer Informationsüberfrachtung dieser Tabelle führen. Die Stammdaten würden je nach Schlüssel redundant gespeichert werden, was den benötigten Speicherplatz stark in die Höhe treibt und das System ausbremst.

Innerhalb eines Datenbanksystems werden die Stammdaten daher mittels Referenzen (hier die Kontonummer) ermittelt. Eine Benutzeroberfläche oder auch eine Auswertung, die sowohl Stamm- als auch Bewegungsdaten enthält, fragt somit immer mehrere Tabellen ab. Je mehr Stammdaten über Schlüssel mit Bewegungsdaten verknüpft sind, desto höher ist – vereinfacht gesprochen – der Grad der sog. „Normalisierung".

Eine Änderung von Bewegungsdaten ist i.d.R. nicht erlaubt, eine Änderung von Stammdaten hingegen schon. Bspw. ist es möglich, eine Kontenbeschreibung, wie in der Abbildung kenntlich gemacht, zu ändern. Das Konto 1260 – Forderungen gegenüber verbundenen Unternehmen, wird zu „Forderungen gegenüber Gesellschaftern". Der Gedanke hinter dieser Änderung könnte bspw. sein, dass vor fünf Jahren eine Konsolidierungsphase abgeschlossen wurde und nun keine Verbindlichkeiten gegenüber verbundenen Unternehmen mehr bestehen. Hingegen wurden im laufenden Jahr Gesellschafterdarlehen ausgegeben. Man könnte so in Versuchung geraten, dass seit Jahren nicht mehr genutzte Konto 1260 zur Abbildung dieser Darlehen zu verwenden und entsprechend umzubenennen. Dies würde wiederum aufgrund der datenbanktechnischen Abbildung dazu führen, dass Buchungen, die vor sechs Jahren noch „Forderungen gegenüber verbundenen Unternehmen" abgebildet haben, nun mit „Forderungen gegenüber Gesellschaftern" gekennzeichnet werden. Die Bedeutung der Bewegungsdaten wäre hierdurch verändert worden und das ist gem. Rz. 111 GoBD nicht erlaubt: „Bei einer Änderung von Stammdaten (z.B. Abkürzungs- oder Schlüsselverzeichnisse, Organisationspläne) muss die eindeutige Bedeutung in den entsprechenden Bewegungsdaten (z.B. Umsatzsteuerschlüssel, Währungseinheit, Kontoeigenschaft) erhalten bleiben." Es werden drei Varianten aufgeführt, um dem entgegenzuwirken:

a. eine Änderung ist auszuschließen:
   Dies wäre bei den o.g. Kontenbeschreibungen durchaus möglich bzw. sogar zu empfehlen. Bei Kunden- oder Lieferantendaten ist dies jedoch keine praktikable Lösung, da bspw. bei Änderung der Adresse eine Neuanlage des gesamten Geschäftspartnerdatensatzes unzweckmäßig ist.

b. die Stammdaten sind mit Gültigkeitsangaben zu historisieren:
   In vielen ERP-Systemen wird diese Technik bei Daten von Geschäftspartnern oder Mitarbeitern praktiziert. Ändert sich bspw.

die Adresse, entsteht ein neuer Adressdatensatz, der ab dem Änderungszeitpunkt gültig ist. Der Mitarbeiterdatensatz bleibt hingegen unverändert. Die ehemalige Adresse wird nicht überschrieben, sondern bleibt mit Gültigkeitszeitpunkt bis zur Änderung erhalten. Auswertungen und Formulare lesen dann nicht die einfach verknüpften Tabellen aus, sondern ermitteln anhand eines Referenzdatums in den Bewegungsdaten den zu diesem Zeitpunkt gültigen Stammsatz. Dieser Ansatz ist softwaretechnisch nur mit viel mehr Aufwand umzusetzen als die einfache Referenz. Daher sind innerhalb der Systeme üblicherweise nicht alle Stammdaten mit Gültigkeitsangaben versehen. Hier bedarf es also einer inhaltlichen Analyse, bei welchen aufbewahrungspflichtigen Daten dies der Fall ist und bei welchen nicht.

c. es ist eine Änderungshistorie zu führen:
Können keine Änderungen ausgeschlossen werden und ist eine Historisierung mit Gültigkeiten systemseitig nicht möglich, so muss zumindest eine Änderungshistorie geführt werden. Diese Änderungshistorie gibt Aufschluss darüber, wer wann welchen Wert in welchem Datensatz geändert hat. Naturgemäß beziehen sich solche Änderungshistorien ausschließlich auf Stammdaten und werden ihrerseits wieder in eigenen Datenbanktabellen gespeichert. Je nach System und Änderungsaktivität können diese Änderungstabellen eine erhebliche Anzahl an Datensätzen enthalten und werden deshalb in vielen Fällen noch vor Ablauf der Aufbewahrungsfrist bereinigt, indem bspw. die Datensätze, deren Erfassung am längsten zurückliegt, gelöscht werden. Nun gehören diese Änderungshistorien jedoch zu den aufbewahrungspflichtigen Daten. Insofern ist vor der Löschung dafür Sorge zu tragen, dass die zu löschenden Datensätze außerhalb des Systems aufbewahrt werden. Dies sollte nicht in einer unformatierten Log-Datei geschehen, sondern möglichst in einem IDEA-konformen Format (siehe Kapitel 5.2.2. Datenträgerüberlassung (Z3)).

Ist keine dieser drei Varianten möglich bzw. gegeben, wäre das zugrundeliegende System ohne weitere Maßnahmen nicht ordnungsmäßig. Bevor jedoch ein Systemwechsel aus diesem Grund angestrebt wird, sollte evaluiert werden, ob Gültigkeitszeiträume oder Änderungshistorie nicht außerhalb des Systems geführt und vorgehalten werden können. Ggf. ist dies auch mit einer softwaretechnischen Ergänzung möglich, sodass eine manuelle Verwaltung erspart bleibt.

2.2.3 Vollständigkeit

Das Kriterium der Vollständigkeit bezieht sich nicht unbedingt darauf, dass die Daten vor Verlust geschützt sind, wenn sie einmal erfasst wurden. Hierfür ist die Erfüllung der Datensicherheit (s.o.) zu gewährleisten. Vielmehr bezieht sich die Vollständigkeit auf den Erfassungsvorgang bzw. die Aufzeichnung selbst. „Geschäftsvorfälle sind vollzählig und lückenlos aufzuzeichnen."[25] Wie die auf die Rz. 36 folgenden Ausführungen in den GoBD zeigen, wird großer Wert auf die sog. Einzelaufzeichnung von Geschäftsvorfällen gelegt. Die Wichtigkeit der Einzelaufzeichnung, gerade in Hinblick auf die erfolgte Aktualisierung der GoBD, wurde bereits in Kapitel 2.2.1 aufgezeigt.

Unter das Thema Vollständigkeit fällt bspw. auch die Einhaltung der gem. § 14 Abs. 4 UStG geforderten fortlaufenden Nummerierung von Ausgangsrechnungen. Ist eine solche nicht gegeben, weil bspw. Lücken vorliegen, hat der Steuerpflichtige dies unter Umständen zu erklären.

Eine weitere Ebene, auf der das Thema Vollständigkeit zum Tragen kommt, ist die elektronische Erfassung von Papierdokumenten durch Scan oder Fotografie. Werden hier einzelne Seiten von mehrseitigen Dokumenten oder auch relevante Rückseiten nicht erfasst, so ist ebenso das Ordnungsmäßigkeitskriterium der Vollständigkeit unerfüllt.

Gem. Rz. 41 GoBD ist auch darauf zu achten, dass ein Geschäftsvorfall nicht mehrfach aufgezeichnet wird. Im Rahmen einer Betriebsprüfung wird dies insbesondere auf der Aufwandsseite analysiert, um sicherzustellen, dass Betriebsausgaben nicht mehrfach erfasst wurden. Dies kann bspw. dann der Fall sein, wenn Belege in unterschiedlichen Ausführungen ins Unternehmen gelangen (z.B. Eingangsrechnung in Papier und elektronisch per Mail, Einzelrechnungen und Sammelaufstellungen etc.).

[25] Rz. 36 GoBD.

2.2.4 Richtigkeit

Geschäftsvorfälle sind gem. Rz. 44 GoBD

- in Übereinstimmung mit den tatsächlichen Verhältnissen,
- im Einklang mit den rechtlichen Vorschriften,
- inhaltlich zutreffend,
- der Wahrheit entsprechend

aufzuzeichnen und durch Belege abzubilden. Ferner sind sie zutreffend zu kontieren.

In der Praxis finden sich Defizite bei der Richtigkeit häufig auch bei rechnerischen Fragestellungen und der materiell rechtlichen Beurteilung von Sachverhalten. Dies ist aber weniger eine Frage der GoBD als des Steuerrechts im Allgemeinen, wenngleich diesbezüglich systemtechnische und prozessuale Maßnahmen zu dokumentieren sind.

Was die Buchführung im Sinne der GoBD anbelangt, sollten in Bezug auf die Richtigkeit keine allzu großen Beanstandungen an der Tagesordnung sein, sofern diese im Inland geführt wird und nochmals von einem sachverständigen Dritten (Steuerberater, Wirtschaftsprüfer) geprüft wird.

Bei einer Verlagerung von Buchführungstätigkeiten ins Ausland sollte dem Thema Richtigkeit jedoch verstärkte Aufmerksamkeit gewidmet werden. Gem. § 146 Abs. 2a AO ist hierfür ohnehin ein Antrag zu stellen, in dem auch darzulegen ist, wie die Richtigkeit der Buchführung sowie natürlich auch andere Ordnungsmäßigkeitskriterien weiterhin gewährleistet bzw. erfüllt werden können.

2.2.5 Zeitgerechtheit

Ein Thema, welches die Gemüter bei Veröffentlichung der ersten GoBD-Version im Jahr 2014 erhitzt hatte, ist die Forderung nach der zeitgerechten Buchung und Aufzeichnung.[26] Es wird gefordert, dass „jeder Geschäftsvorfall zeitnah, d.h. möglichst unmittelbar nach seiner Entstehung in einer Grundaufzeichnung oder in einem Grundbuch zu erfassen ist.“ Weiter heißt es in der Rz. 47: „Jede nicht durch die Ver-

26 Vgl. Rz. 46 GoBD.

hältnisse des Betriebs oder des Geschäftsvorfalls zwingend bedingte Zeitspanne zwischen dem Eintritt des Vorganges und seiner laufenden Erfassung in Grund(buch)aufzeichnungen ist bedenklich. Eine Erfassung von unbaren Geschäftsvorfällen innerhalb von zehn Tagen ist unbedenklich."

Im Wesentlichen hat die Formulierung „Erfassung im Grundbuch" zu Missverständnissen geführt. Interpretiert man dies als „Buchung im Hauptbuch", so ist die 10-Tagesfrist durchaus kritisch zu betrachten, da insbesondere Kleingewerbetreibende, welche die Buchführung an den Steuerberater auslagern, ihre Unterlagen i.d.R. monatlich – und zwar gegen Ende des Folgemonats – übergeben und so unweigerlich diese Frist versäumen würden.

Diesem Umstand tragen die GoBD jedoch Rechnung, wenn auch nicht ganz so offensichtlich, da grundsätzlich zwischen „Erfassung" und „Buchung" zu unterscheiden ist. Während die Buchung den tatsächlichen Niederschlag des Geschäftsvorfalls in der Finanzbuchhaltung, also deren kontenmäßige Aufzeichnung repräsentiert, kann die Erfassung auch vorgelagert in einem Vor- oder Nebensystem (z.B. Kassensystem, Rechnungseingangsbuch, Materialwirtschaft etc.) erfolgen. Das Grundbuch ist somit die „Erfassungsebene" des Belegs und noch nicht zwingend die Buchung in der Finanzbuchhaltung, wenngleich natürlich Erfassung und Buchung auch zusammenfallen können – bspw. im Rahmen von direkten Journalbuchungen bei Periodenabschlüssen.

Rz. 46 der GoBD gesteht im letzten Satz sogar zu, dass „die Funktion der Grund(buch)aufzeichnungen auf Dauer auch durch eine geordnete und übersichtliche Belegablage erfüllt werden kann." Dies trägt insbesondere den Bedürfnissen der o.g. Kleingewerbetreibenden Rechnung, indem dadurch der sog. „Pendelordner" als Austauschmedium zwischen Steuerberater und Mandant legitimiert wird.

Eine bloße Sammlung von Belegen ohne erkennbare Systematik und deren Zwischenablage in Kartons oder gar Plastiktüten ist keine grundbuchmäßige Erfassung. Steuerberater sind also gehalten, ihre Mandanten auf die Ablage in Ordnern hinzuweisen und anderweitige Übergaben nicht zu akzeptieren. Ansonsten ist das Kriterium der „Zeitgerechten Erfassung" unerfüllt und die Ordnungsmäßigkeit der gesamten Buchführung kann infrage gestellt werden.

Selbstverständlich ist auch im Zuge der Erfassung im Grundbuch dafür zu sorgen, dass keine Belege abhandenkommen und die dort geführten Aufzeichnungen nicht mehr ohne Kenntlichmachung verändert werden.[27]

Kasseneinnahmen und -ausgaben sind nach § 146 Abs. 1 Satz 2 AO täglich festzuhalten.[28] Für weitere Erläuterungen in Bezug auf den Betrieb von elektronischen Registrierkassen wird hier auf Kapitel 4.3. Betrieb von Registrierkassen verwiesen.

2.2.6 Ordnung

Das Ordnungsmäßigkeitskriterium der „Ordnung" besagt im Grunde, dass die Geschäftsvorfälle sowohl im zeitlichen Kontext (Journalfunktion) als auch im sachlichen Kontext (Kontenfunktion) zu erfassen sind. Aufgrund des Kontenbezugs ist davon auszugehen, dass sich die geordnete Erfassung und Ablage eher auf das Hauptbuch der Finanzbuchhaltung bezieht und weniger auf Vor- und Nebensysteme.

Die Journalfunktion ist im Kapitel 5.3 der GoBD ab Rz. 90 beschrieben. Dort heißt es, „[d]ie Journalfunktion erfordert eine vollständige, zeitgerechte und formal richtige Erfassung, Verarbeitung und Wiedergabe der eingegebenen Geschäftsvorfälle. Sie dient dem Nachweis der tatsächlichen und zeitgerechten Verarbeitung der Geschäftsvorfälle."

Zudem ist die Journalfunktion nur erfüllt, wenn die gespeicherten Aufzeichnungen gegen Veränderung oder Löschung geschützt sind.[29] Diese Forderung ist ernst zu nehmen, da im Rahmen von Betriebsprüfungen durchaus die Aktivierung und Nutzung von sog. Festschreibungsfunktionalitäten überprüft wird, die eben Änderungen und Löschungen verhindert.

Zur Kontenfunktion heißt es ab Rz. 95 der GoBD unter anderem, dass Geschäftsvorfälle nach Sach- und Personenkonten geordnet dargestellt werden müssen. Dies gilt natürlich nur für bilanzierende Unternehmen und nicht für Einnahme-Überschuss-Rechner. In der darauffolgenden Rz. 96 gibt es nun eine Anforderung, die es so bislang in anderen Vor-

[27] Vgl. Rz. 50 GoBD.
[28] Vgl. Rz. 48 GoBD.
[29] Vgl. Rz. 92 GoBD.

schriften nicht gab: „Es müssen Eröffnungsbilanzbuchungen und alle Abschlussbuchungen in den Konten enthalten sein.“ Diese relativ hart formulierte Forderung ist für den Teil der Steuerpflichtigen eher unbedeutend, der ein Buchführungssystem nutzt, welches solche Buchungen ohnehin führt (bspw. DATEV). Weitreichendere Folgen kann es jedoch für diejenigen haben, die Buchhaltungssoftware nutzen, bei der im Standard keine Eröffnungsbilanzbuchungen existieren (bspw. SAP ERP). Jede Buchung sorgt in einem solchen Fall für eine Fortschreibung von Saldentabellen. Um einen Bestand auf einem Konto zu einem bestimmten Zeitpunkt zu ermitteln, ist stets der Saldo der Vorperiode um die aufsummierten Jahresverkehrszahlen der fraglichen Periode zu ergänzen. EB-Werte werden in diesem Fall also nicht gebucht, sondern sind den Saldentabellen zu entnehmen. Sollte also seitens der Finanzverwaltung auf der o.g. Forderung nach der tatsächlichen Durchführung von Eröffnungsbilanzbuchungen bestanden werden, würde dies zwangsläufig eine Änderung bei der Arbeitsweise im Rahmen von Periodenabschlüssen mit sich ziehen. Es bleibt abzuwarten, wie hier zukünftig die Entwicklung sein wird.

Ebenso soll nicht verschwiegen werden, dass auch Mapping-Informationen zu anderen Kontenrahmen zur Erfüllung der Journalfunktion vorgehalten werden müssen. Hierzu gehören unter anderem auch Kontenzuordnungen zu den Taxonomie-Positionen der E-Bilanz (siehe auch das Beispiel in Kapitel 2.2.1).

2.2.7 Lesbarkeit

Die Forderung nach Lesbarkeit ist im Kontext des Datenzugriffs der Finanzverwaltung zu sehen und wird im Kapitel 4. Beispielverfahren dieses Buches näher beschrieben. In Kapitel 10.2 der GoBD sind lediglich zwei Randziffern mit den folgenden Maßgaben enthalten:

- Die Lesbarmachung erfolgt auf Kosten des Steuerpflichtigen.
- Die Finanzverwaltung kann einen Ausdruck der elektronisch vorgelegten Unterlagen verlangen.
- Gescannte oder fotografierte Dokumente müssen über ein DV-System per Bildschirm zu lesen sein. Ein Ausdruck reicht nicht aus.

Gerade der zweite Punkt mutet etwas absurd an, da der Steuerpflichtige auf der einen Seite nicht unerhebliche Aufwände in Kauf nehmen muss, um die aufbewahrungspflichtigen Daten auch betriebsprüfungskonform digital aufzubereiten und auf der anderen Seite doch wieder ein Ausdruck verlangt werden kann, der die Aufwände im Prinzip obsolet werden lässt. Allerdings ist anzumerken, dass seitens der steuerlichen Außenprüfer in der Regel kein Ausdruck verlangt wird, sofern die Unterlagen elektronisch lesbar sind.

Der dritte Punkt wird in Kapitel 2.2.9. Verbindlichkeit näher beleuchtet.

Letztlich erfordert die Lesbarkeit, dass für jedes System, welches aufbewahrungspflichtige Daten führt, ein Konzept zu erarbeiten ist, wie diese Daten gemäß der unterschiedlichen Zugriffsarten dem steuerlichen Außenprüfer zur Verfügung gestellt werden können. Die Konzepte sollten mittels Tests auf Funktionsfähigkeit überprüft werden und der System- und Verfahrensdokumentation – genauer der Systemdokumentation – als Anlage beigelegt werden.

2.2.8 Vertraulichkeit

Der Begriff der Vertraulichkeit kommt in den GoBD schlicht nicht vor. Eine Suche nach dem Wort „vertrau“, das sämtliche Abwandlungen des Ausdrucks „vertraulich“ umfasst, bleibt ergebnislos. Das heißt jedoch nicht, dass den Anforderungen nach Vertraulichkeit nicht nachzukommen ist. Das Gegenteil ist der Fall, wenn man die Datenschutz-Grundverordnung[30] (DSGVO) aus dem Jahr 2016 berücksichtigt, welche seit dem 25. August 2018 anzuwenden ist. Hier sind äußerst umfangreiche Regularien für den Umgang mit personenbezogenen Daten enthalten, deren Nichtbeachtung zu empfindlichen Strafen führen kann.

Ohne an dieser Stelle zu sehr in die Tiefe zu gehen, da das Thema gewiss ein weiteres Buch einnehmen könnte, sei darauf hingewiesen, dass das Bundeswirtschaftsministerium eine Checkliste[31] veröffentlicht hat, aus der die wichtigsten Grundzüge und ggf. die Ableitung erster Maßnahmen hervorgehen. Hierzu gehört zunächst einmal eine Bestandsaufnahme, d.h. die Ermittlung von Verfahren, in denen personenbezogene Daten verarbeitet werden. Daneben ist es erforderlich, von den betroffenen Personenkreisen Einwilligungen zur Datenverarbeitung zu erlangen. Ggf. sind hierzu auch bestehende Vertragswerke anzupassen.

[30] https://eur-lex.europa.eu/eli/reg/2016/679/oj (zuletzt abgerufen am 03.06.2020).
[31] https://www.bmwi.de/Redaktion/DE/Publikationen/Digitale-Welt/datenschutzgrundverordnung.html (zuletzt abgerufen am 03.06.2020).

Zudem bestehen Meldepflichten, Informationspflichten und Dokumentationsanforderungen, deren Erfüllung durchaus zu erheblichen Aufwänden auf Unternehmensseite führen können.

Vertraulichkeit verlangt gem. IDW RS FAIT 1, dass von Dritten erlangte Daten nicht unberechtigt weitergegeben oder veröffentlicht werden. Organisatorische und technische Maßnahmen, um dies zu vermeiden, umfassen u.a. Anweisungen zur Beschränkung der Übermittlung personenbezogener Daten an Dritte, die verschlüsselte Übermittlung von Daten an berechtigte Dritte, die eindeutige Identifizierung und Verifizierung des Empfängers von Daten oder die Einhaltung von Löschfristen gespeicherter personenbezogener Daten.

2.2.9 Verbindlichkeit

Verbindlichkeit wird unter Ziffer 23 des IDW RS FAIT 1 also sog. Sicherheitsanforderung definiert. Genau genommen geht es bei der Forderung nach Verbindlichkeit jedoch um die „bindende Herbeiführung gewollter Rechtsfolgen". Sie ist eine Eigenschaft IT-gestützter Verfahren, die deren Ergebnisse auch gegenüber Dritten als tatsächlich gültig erklärt.

Praktisch bedeutet dies, dass sobald ein elektronisches Verfahren angewandt wird, es keinen Sinn ergibt, manuelle „Backup-Varianten" zu führen und diese stattdessen als verbindlich zu erklären. Man kann diese Argumentation häufig im Rahmen von Scanverfahren beobachten, bei denen darauf verzichtet wird, die Originale zu vernichten. Es wird so versucht, ggf. mangelhafte Scanergebnisse oder andere Defizite in der Verarbeitung damit zu heilen, dass das Original in Papierform ja noch vorliegt. Das Kriterium der Verbindlichkeit berechtigt einen Prüfer, die Papierform nicht anzuerkennen, sobald ein Scanverfahren aktiv ist und von diesem Recht wird in der Regel auch Gebrauch gemacht.

Eine Vorhaltung in Papierform kann vor allem nicht einem steuerlichen Außenprüfer das Zugriffsrecht auf ein DMS ersetzen. Vgl. hierzu u.a. das Urteil vom FG Münster vom 1. Juli 2010[32], wo es in der Urteilbegründung u.a. heißt:

[32] 6 K 357/10 AO.

„Das Datenzugriffsrecht der Finanzbehörden gemäß § 147 Abs. 6 S. 1 AO greift unabhängig davon ein, welche Motive den Steuerpflichtigen im Einzelfall zur digitalen Aufbewahrung von Unterlagen im Sinne des § 147 Abs. 1 AO erwogen haben. Insbesondere ist nicht erforderlich, dass der Steuerpflichtige mit der digitalen Aufbewahrung ausschließlich oder primär steuerliche Zwecke verfolgt hat.“

Im Grunde ist die Verbindlichkeit kein Ordnungsmäßigkeitskriterium im wörtlichen Sinne, da sie eher einer rechtliche Einwertung des elektronischen Verfahrens an sich vorgibt. Dennoch ist sie in diesem Kontext erwähnenswert, gerade weil zahlreiche Steuerpflichtige versuchen, Fehler in ihren digitalen Prozessen mit manuellen Parallellösungen abzufedern.

2.2.10 Autorisierung und Authentizität

Die GoBD äußern sich zu den Themen Autorisierung und Authentizität nur oberflächlich. Erschwerend kommt hinzu, dass beide Begrifflichkeiten jeweils unterschiedlich interpretiert werden können. So führt der Duden allein für den Begriff Autorisierung sieben Synonyme auf. Diese reichen von „Berechtigung“ über „Sanktion“ bis hin zur „Zusage“. Selbst innerhalb des IDW RS FAIT 1 wird Autorisierung einmal als „Bestätigung“ (vgl. Ziffer 36) und ein anderes Mal als „Freigabe“ (vgl. Ziffer 40) interpretiert.

Versucht man im Kontext der Buchführung eine einheitliche Interpretation von Autorisierung zu erlangen, kommt dem wohl in erster Linie der Grundsatz nahe, dass nicht jeder die Berechtigung besitzen darf, alles zu tun. Mithin muss es innerhalb der Organisation ein Berechtigungskonzept geben, welches beschreibt, welche Rollen existieren und zu welchen Tätigkeiten diese berechtigen. Des Weiteren ist darzulegen, wie die Beantragung, die Freigabe und die Implementierung von Berechtigungen organisiert sind. Ggf. sind auch Richtlinien zu implementieren, wie oft die Vergabe von Berechtigungen in welchem Umfang geprüft wird. Ein weiterer wichtiger Punkt ist zudem die Beschreibung von Verfahren beim Ein- und Austritt von Mitarbeitern.

Üblicherweise ist die Verifizierung dieser Berechtigungen ein Standardschritt bei der Prüfung nach IDW PS 330. Hierbei wird bspw. untersucht, ob bzw. wie oft eine Administrationsrolle mit umfangreichen Schreibrechten an einzelne Systemnutzer vergeben wurde. Des Weiteren ist häufig die Einhaltung des Vier-Augen-Prinzips bei kritischen Verfahren Bestandteil einer solchen Prüfung.

Ebenso findet im Rahmen einer Autorisierungsprüfung die Evaluierung von anonymisierten Nutzern statt, wie z.B. „Azubi 1". Hierbei kann es sich auch um Nutzer mit umfangreichen Berechtigungen handeln, da bspw. ein Auszubildender regelmäßig die Abteilungen wechselt und somit breitgefächerte Autorisierungen besitzt. Oft tritt dieser Umstand auf, weil man sich im Unternehmen den Aufwand ersparen will, bei jedem Abteilungswechsel die Rollen für einzelne Auszubildenden neu zu konfigurieren. Dieser Aufwand könnte jedoch auch durch ein durchdachtes Berechtigungskonzept und entsprechende Prozesse gesenkt werden, indem bspw. Azubi-Rollen festzulegen sind, die dann je nach Abteilung dem konkreten User zugewiesen werden.

Bei anonymisierten Nutzern besteht naturgemäß die Schwierigkeit, die konkrete Person zu ermitteln, welche einen Geschäftsvorfall erfasst bzw. geändert hat. Das ist jedoch die Anforderung, die hinter dem Kriterium der Authentizität steckt. Hierbei wird gefordert, dass „ein Geschäftsvorfall einem Verursacher eindeutig zuzuordnen ist".[33]

Die Forderung nach Authentizität findet sich in den GoBD lediglich in den Beleganforderungen[34], die einen verantwortlichen Belegaussteller fordern, sofern dieser vorhanden ist. Als mögliches Beispiel wird der Bediener der Kasse aufgeführt. Es handelt sich also eher um eine optionale Forderung, die gem. IDW RS FAIT 1 jedoch durchaus als verpflichtend gesehen werden kann. Das gewählte Beispiel mit dem Kassenbediener ist in den GoBD wohl nicht zufällig gewählt, da im Rahmen von Kassenprüfungen diese Information regelmäßig angefordert wird. Der Prüfer erhofft sich dadurch konkrete Rückschlüsse auf die Person, die bspw. überdurchschnittlich viele Storni oder Außerhausumsätze mit ermäßigtem Umsatzsteuersatz erfasst. Wird der konkrete Nutzer nicht in den Systemen geführt, kann ggf. alternativ unter Zuhilfenahme von Dienst- oder Schichtplänen der mögliche Nutzerkreis eingeschränkt werden.

33 Vgl. Ziffer 23 IDW RS FAIT 1.
34 Vgl. Rz. 77 GoBD.

Der IDW RS FAIT 3 definiert die Authentizität mit dem Grundsatz, das archivierte Unterlagen eindeutig mit den zugehörigen Geschäftsvorfällen verbunden sein müssen. Dies ist eine Forderung, die auch den im Duden aufgeführte Synonymen nahekommt, welche den Begriff der Authentizität mit Echtheit, Glaubwürdigkeit oder auch Zuverlässigkeit gleichsetzen.

Letztlich handelt es sich bei der Forderung nach Autorisierung und Authentizität um eher allgemeine Maßnahmen, die zur Erfüllung von konkreten Ordnungsmäßigkeitskriterien wie bspw. der Richtigkeit, Vollständigkeit und Datensicherheit führen sollen. Dennoch sind diese Maßnahmen keine Kann-Vorschriften, sondern müssen auch tatsächlich praktiziert werden und dokumentiert sein.

2.3 Internes Kontrollsystem

Es wurde bereits mehrfach angedeutet, dass Verfahren und Systeme zu kontrollieren sind. Das Kapitel 6 der GoBD beschreibt die Anforderungen an ein internes Kontrollsystem (IKS) eher rudimentär und knapp auf ca. einer halben Seite. Letztlich handelt es sich um eine exemplarische Aufzählung einzelner Kontrollen, die der Einhaltung der behandelten Ordnungsvorschriften dienen. Diese sind:

- Zugangs- und Zugriffsberechtigungskontrollen auf Basis entsprechender Zugangs- und Zugriffsberechtigungskonzepte (z.B. spezifische Zugangs- und Zugriffsberechtigungen),
- Funktionstrennungen,
- Erfassungskontrollen (Fehlerhinweise, Plausibilitätsprüfungen),
- Abstimmungskontrollen bei der Dateneingabe,
- Verarbeitungskontrollen,
- Schutzmaßnahmen gegen die beabsichtigte und unbeabsichtigte Verfälschung von Programmen, Daten und Dokumenten.

Anhand der Aufzählung ist zu erkennen, dass Kontrollen keinesfalls im umgangssprachlichen Sinne „nachgelagert“ sein müssen. Vielmehr können sie ebenso den Verfahren vorgeschaltet sein, um potenzielle Gefahren bereits im Vorfeld der Erfassung abzuwehren. Hierzu gehören insbesondere die Zugangs- und Zugriffsberechtigungskontrollen, aber auch der Einsatz von Software zur unveränderbaren Aufbewahrung und der fehlerfreien Erfassung.

Gemäß *Gablers Wirtschaftslexikon* ist das IKS „ein Teilsystem des Systems zur Überwachung einer Unternehmung, welches die Gesamtheit der Mechanismen zur Kontrolle enthält“[35]. Es wird also ein etwas strukturierterer Ansatz verfolgt als die bloße Aufzählung in den GoBD. In eine ähnliche Richtung geht auch das IDW in seinem Praxishinweis 1/2016[36], der sich auf die Ausgestaltung und Prüfung von Tax Compliance Management Systemen nach IDW PS 980 bezieht. Eine Übersicht der Inhalte ist der folgenden Abbildung zu entnehmen:

Abb. 2.3 Struktur eines Compliance Management Systems (CMS) gem. IDW Praxishinweis 1/2016

Bevor es zur tatsächlichen Kontrolldefinition im Punkt „Programm“ kommt, sind bei einem CMS einige strategische bzw. konzeptionelle Schritte zu durchlaufen. Zunächst sollte gem. des Praxishinweises eine Compliance-Kultur gebildet und kommuniziert werden, aus der dann die wesentlichen Compliance-Ziele abzuleiten sind. Hieraus können nun potenzielle Risiken ermittelt werden, die ihrerseits wieder durch Kontrollen zu minimieren bzw. zu verwalten sind. Es handelt sich also um einen eher strategisch geprägten „Top-down-Ansatz“, während innerhalb der GoBD die notwendigen Kontrollen tendenziell am konkreten Verfahren bzw. System definiert werden und dazu dienen sollen, die Ordnungsmäßigkeitskriterien zu erfüllen – mithin also eher ein

[35] https://wirtschaftslexikon.gabler.de/definition/internes-kontrollsystem-iks-41197/version-264567 (zuletzt abgerufen am 03.06.2020).

[36] https://www.idw.de/idw/idw-aktuell/endgueltiger-idw-praxishinweis-1-2016-zu-tax-compliance-management-systemen/101304 (zuletzt abgerufen am 03.06.2020).

„Bottom-up-Ansatz". Man könnte sogar so weit gehen, dass die gem. GoBD erforderliche System- und Verfahrensdokumentation inklusive der dort aufgeführten Kontrollen quasi eine Umsetzungsform eines Tax Compliance Management Systems ist.

Auch wenn es durch die GoBD nicht explizit gefordert wird, verlangen zahlreiche sachverständige Wirtschaftsprüfer und Steuerberater im Rahmen von Dokumentations-Reviews ein eigenes Kapitel „Internes Kontrollsystem" innerhalb einer System- und Verfahrensdokumentation. Sofern es kein CMS gemäß obenstehender Abbildung gibt, empfiehlt sich die Übernahme einer Passage aus der Musterverfahrensdokumentation des Deutschen Steuerberaterverbands[37], in der es auszugsweise zum Thema IKS heißt:

„Um die Einhaltung der vorgegebenen Verfahren zu gewährleisten, werden regelmäßige Kontrollen durchgeführt. Diese orientieren sich an den tatsächlich aufgrund der organisatorischen Rahmenbedingungen zweckmäßigen und etablierten Aufgaben- und Funktionstrennungen.

Die Kontrollen orientieren sich unter Ordnungsmäßigkeitsgesichtspunkten insbesondere an folgenden Zielen:

- Sicherstellung der gesetzlichen Anforderungen: Die Kontrollen müssen mit einer hinreichenden Sicherheit gewährleisten, dass die gesetzlichen Bestimmungen im erforderlichen Umfang beachtet werden.
- Einhaltung der internen Kompetenzregelungen: Die Kontrollen müssen mit einer hinreichenden Sicherheit gewährleisten, dass Kompetenz- und Zuständigkeitsregelungen innerhalb der Organisation eingehalten werden.
- Sicherstellung der Integrität der Daten: Die Kontrollen müssen mit einer hinreichenden Sicherheit gewährleisten, dass Daten nicht unbefugt, unbemerkt oder versehentlich verändert oder gelöscht werden.
- Sicherstellung der Integrität der Anwendungen: Die Kontrollen müssen mit einer hinreichenden Sicherheit gewährleisten, dass Funktionen und Parameter der für die Archivierung relevanten Anwendungen nicht unbefugt, unbemerkt oder versehentlich verändert werden.

[37] http://www.dstv.de/interessenvertretung/steuern/steuern-aktuell/tb-140-15-we-musterverfahrensdokumentation-zur-belegabgabe (zuletzt abgerufen am 03.06.2020).

– Sicherstellung der Verfügbarkeit: Die Kontrollen müssen mit einer hinreichenden Sicherheit gewährleisten, dass die IT-Systeme und Anwendungen für den Betrieb zur Verfügung stehen und dass die archivierten Dokumente bei Bedarf unverzüglich lesbar sind."

Dem aufmerksamen Leser mag nicht entgangen sein, dass die Kontrollziele an den in Kapitel 2.2. aufgeführten Ordnungsmäßigkeitskriterien ausgerichtet sind. Verfolgt man die Spiegelstriche von oben nach unten, sind dies die Kriterien Richtigkeit, Autorisierung, Integrität und Lesbarkeit. Integrität ist genau genommen eine Zusammenfassung von drei Ordnungsmäßigkeitskriterien: Richtigkeit, Vollständigkeit sowie Schutz vor Verlust und Veränderung.[38]

Diese Kontrollziele sind wohl für nahezu jedes Unternehmen zutreffend, da sie allgemein gehalten sind. So wird man den Anforderungen von Wirtschaftsprüfern und Steuerberatern nach einem eigenen Kapitel „Internes Kontrollsystem" gerecht, ohne konzeptionell hohe Aufwände zu verursachen. Nichtsdestotrotz müssen Kontrollen natürlich unabhängig von deren konzeptionellen Umfeld definiert und vollzogen werden. Ferner ist der Kontrollvollzug zu protokollieren.[39] Sowohl die Kontrolldurchführung als auch deren Protokollierung müssen nicht zwingend manuell erfolgen. Es ist sogar anzuraten, elektronische Verfahren auf elektronischem Weg und – soweit es geht – automatisiert zu kontrollieren. Ein technischer Ausgangspunkt kann hierbei der Einsatz von Robotics Process Automation (siehe Kapitel 2.4. Künstliche Intelligenz und Robotics Process Automation) sein, aber auch die Anpassung bzw. Erweiterung der involvierten Systeme sowie die Verwendung von Datenanalysesoftware oder anderen externen Programmen. Näheres zu einzelnen Kontrollen und wie diese konkret dokumentiert werden können, ist dem Kapitel 3. System und Verfahrensdokumentation zu entnehmen.

Obwohl durch die GoBD ein CMS nicht explizit vorgeschrieben ist, gibt es neben dem genannten IDW PS 980 auch weitere Quellen, aus denen eine Verpflichtung zu dessen Implementierung – zumindest ab einer gewissen Größenordnung – ableitbar ist. Hier wäre zunächst der Anwendungserlass zum § 153 AO[40] zu nennen, der im Fall einer unrichtigen

[38] Vgl. Rz. 23 IDW RS FAIT 1.
[39] Vgl. Rz. 60 GoBD.
[40] BMF Anwendungserlass vom 23. Mai 2016.

Steuererklärung oder -abführung u.a. aussagt, dass „ein innerbetriebliches Kontrollsystem, das der Erfüllung der steuerlichen Pflichten dient, ggf. ein Indiz darstellen kann, welches gegen das Vorliegen eines Vorsatzes oder der Leichtfertigkeit sprechen kann." Liegt weder Vorsatz noch Leichtfertigkeit vor, so kommt bei der Korrektur einer unrichtig ermittelten Bemessungsgrundlage, die zu einer verringerten Steuerzahlung führt, eine Berichtigung von Erklärungen nach § 153 AO in Betracht und nicht unbedingt die strafbefreiende Selbstanzeige nach § 371 AO.

Auch § 91 AktG[41] schreibt vor, „dass ein Vorstand geeignete Maßnahmen zu treffen, insbesondere ein Überwachungssystem einzurichten hat, damit den Fortbestand der Gesellschaft gefährdende Entwicklungen früh erkannt werden."

Schließlich kann es gem. § 130 OWiG auch als Ordnungswidrigkeit gegen einen Betriebsinhaber ausgelegt werden, wenn dieser durch eine fehlende „gehörige Aufsicht" Zuwiderhandlungen gegen Pflichten nicht verhindert, die den Inhaber treffen und deren Verletzung mit Strafe oder Geldbuße bedroht ist.[42]

Sowohl das Überwachungssystem gem. AktG als auch die gehörige Aufsicht gem. OWiG können wohl ohne Zweifel durch ein funktionierendes CMS realisiert werden.

Nicht zu verschweigen sind auch notwendige Kontrollen gem. § 14 UStG in Bezug auf die Echtheit der Herkunft und die Unversehrtheit des Inhalts einer Rechnung. Dies kann durch jegliche innerbetriebliche Kontrollverfahren erreicht werden, die einen verlässlichen Prüfpfad zwischen Rechnung und Leistung schaffen können.[43]

Die hohe Anzahl der Gesetzgebungen, welche systematische Kontrollen vorschreiben, lässt gleichzeitig auch erahnen, dass die Sanktionsmöglichkeiten bei Aufdeckung von diesbezüglichen Defiziten vielfältig und wesentlich sein können.

[41] Vgl. § 91 AktG.
[42] Vgl. § 130 OWiG.
[43] Vgl. § 14 Abs. 1 UStG.

2.4 Künstliche Intelligenz und Robotics Process Autom...

Es kommt kein Buch über IT und Rechnungswesen aus, ohne ein kurzes Wort zu künstlicher Intelligenz (KI) und Robotics Process Automation (RPA) zu verlieren. Beide Begrifflichkeiten werden häufig sehr unterschiedlich interpretiert und eingeordnet. Ein Blick auf einen Ausschnitt aus der Übersicht zur künstlichen Intelligenz in *Gablers Wirtschaftslexikon* bestätigt, dass der Einsatzbereich von KI durchaus heterogen sein kann und daher diverse Interpretationen ihre Berechtigung haben.

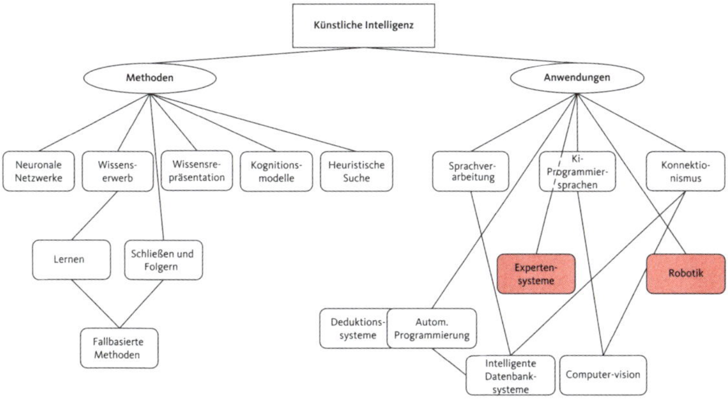

Abb. 2.4 Künstliche Intelligenz gem. *Gablers Wirtschaftslexikon*[44]

Man erkennt in der Abbildung deutlich, dass der Begriff „Künstliche Intelligenz" zwischen Methoden und Anwendungen unterscheidet. Während methodisch die weit verbreitete These des „selbständigen Lernens" als Grundmanifest der KI untermauert wird, ist der Anwendungsbegriff viel weiter gefasst. Insbesondere unter Expertensystemen lassen sich zahlreiche Softwarelösungen subsummieren, die keinesfalls selbständig lernen, sondern einem Anwender ermöglichen, Expertenwissen anzuwenden, obwohl er dies nicht oder nur im eingeschränkten Maße besitzt. Häufig sind solche Systeme als interaktive Fragebögen konzipiert, hinter deren Antworten das fachspezifische Wissen formuliert ist, welches zuvor von Experten in die Software integriert wurde.

44 https://wirtschaftslexikon.gabler.de/definition/kuenstliche-intelligenz-ki-40285/version-263673 (zuletzt abgerufen am 03.06.2020).

Auch „Robotik“ ist eine Anwendungsform der KI und kann gleichermaßen weit gefasst werden. Gemeinhin wird „Robotik“ als das Ersetzen bzw. Unterstützen von menschlichen Tätigkeiten durch Computer oder Maschinen interpretiert. Bricht man dies auf die Bereiche Rechnungswesen/Steuern herunter, ist damit im Wesentlichen die Automatisierung von manuellen Tätigkeiten gemeint, die jedoch selbst IT-basiert sind, d.h. vom Nutzer am Rechner ausgeführt werden (bspw. das Aufrufen, der Export und die Verarbeitung von Reports aus einem ERP-System).

Fasst man die Ausführungen zusammen, kann etwas überspitzt formuliert werden, dass im Grunde jede Software, die im betrieblichen Alltag verwendet wird, unter der Überschrift „KI“ subsummiert werden kann. In der Praxis ist diese Interpretation in etwa genauso häufig anzutreffen wie die Reduktion auf „selbständiges Lernen“. Letzteres ist im Übrigen gerade in den Bereichen Steuern und Rechnungswesen mit großer Vorsicht zu genießen, da der Lernprozess stets mit einer gewissen Fehlerquote verknüpft ist. Eine Fehlerquote von 5 % lässt bspw. bei einem Spracherkennungsprogramm gute Ergebnisse erwarten, während eine solche Quote bei der buchhalterischen bzw. steuerfachlichen Behandlung von Geschäftsvorfällen verheerend sein kann.

Hinweis:
Letztlich geht es bei KI und RPA um eines: Wie kann man Software für die effiziente Bewältigung der Aufgaben einsetzen?

KI und RPA sind somit für eine strategische Ausrichtung von Abteilungen oder IT-Infrastruktur eine eher ungeeignete Ebene. Es bleibt dabei, dass neue Verfahren und Softwareprodukte die strategischen Ziele der Unternehmensführung verfolgen bzw. deren Erreichung unterstützen sollen, daher deren Einführung zunächst auch vor diesem Hintergrund zu beleuchten ist.

Natürlich bestätigen auch hier Ausnahmen die Regel – bspw. bei Unternehmen, deren Geschäftszweck es ist, Plattformen zu entwickeln, die in genau diesen Bereichen die Leistungen für ihre Kunden zur Verfügung stellen.

Neben allen kritischen Auseinandersetzungen mit den beiden Begrifflichkeiten soll nicht verschwiegen werden, dass der Einsatz von Software anstelle von manuellen Tätigkeiten ein enormes Produktivitätspotenzial bietet. Das gilt vor allem für immer wiederkehrende Abstimmungstätigkeiten zwischen unterschiedlichen Listen und Systemen, aber auch für die Durchführung von Berechnungen und Meldungen an unterschiedliche Institutionen.

Vor allem der Aufwand für Abstimmungstätigkeiten lässt sich in der Regel selbst mit Bordmitteln, wie Visual Basic for Applications (VBA), auf einen Bruchteil des Ursprungs reduzieren. Eine Amortisierung der Entwicklungstätigkeiten findet häufig bereits nach den ersten Anwendungen statt. Es muss zunächst nicht unbedingt auf eine RPA-Plattform zurückgegriffen werden, wie sie bspw. die Firma UIPath[45] mit dem gleichnamigen Produkt anbietet. UIPath™ ist innerhalb des Gartner-Magic-Quadranten als „Leader“ unter den Anbietern von RPA-Software gelistet und bietet neben der Client-basierten Automatisierung vor allem auch den Server-seitigen Ablauf von Software-basierten Robotern. Darüber hinaus können sämtliche Arbeiten automatisiert werden, die am Desktop stattfinden, also bspw. auch das Generieren von Listen aus dem ERP-System inklusive wechselnder Selektionsparameter, was bspw. wiederum mit VBA nicht möglich ist.

Im Sinne der GoBD ist der Einsatz von Software vor allem für die Umsetzung von Kontrollen empfehlenswert. Will man den Grad der Wiederverwendbarkeit von eigenem Code in einer perspektivisch anzuschaffenden RPA-Plattform erhöhen, sollte man anstelle von VBA auf höhere Programmiersprachen setzen, die auch in der potenziellen Zielplattform verwendet werden. UIPath unterstützt beispielsweise die beiden .NET-Sprachen Visual Basic und C#.

In den weiteren Ausführungen wird von der Verwendung der Begrifflichkeiten KI und RPA abgesehen. Es ist in Bezug auf Rechnungswesen/Steuern bislang noch keine allgemeingültige Ab- bzw. Eingrenzung zu erkennen, und es ist im Übrigen auch zweifelhaft, dass eine solche in naher Zukunft existieren wird.

45 https://www.uipath.com (zuletzt abgerufen am 03.06.2020).

3 System- und Verfahrensdokumentation

3.1 Grundsätze

Bereits unter Rz. 34 der GoBD heißt es: „Die Nachprüfbarkeit der Bücher und sonst erforderlichen Aufzeichnungen erfordert eine aussagekräftige und vollständige Verfahrensdokumentation, die sowohl die aktuellen als auch die historischen Verfahrensinhalte für die Dauer der Aufbewahrungsfrist nachweist und den in der Praxis eingesetzten Versionen des DV-Systems entspricht." Die Notwendigkeit einer Dokumentation wird also nicht nur an sehr früher Stelle in den GoBD angesprochen, sondern ist auch in einem eigenen Kapitel manifestiert. Darüber hinaus wiederholt sie sich in einer Vielzahl von Randziffern, was die Wichtigkeit nochmals unterstreicht. In den folgenden Ausführungen werden die Ausdrücke „Prozess" und „Verfahren" synonym verwendet.

Generell ist es für die Optimierung von Prozessen unerlässlich, diese zu dokumentieren (siehe Kapitel 1.4). Auf der anderen Seite sollte aber auch vermieden werden, die Dokumentation mehrfach zu führen – also bspw. einmal aus einer operativen Sichtweise und ein weiteres Mal, um den Anforderungen eines Betriebsprüfers gerecht zu werden. Insofern sollte angestrebt werden, die System- und Verfahrensdokumentation zu operationalisieren, also als festen Bestandteil der operativen Prozesse zu sehen. Dies gilt insbesondere vor der Überlegung, dass die in den GoBD aufgeführten Ordnungsmäßigkeitskriterien keinesfalls unverhältnismäßig oder gar unbegründet sind. Jedes Unternehmen sollte aus bloßem Eigeninteresse versuchen, diese Kriterien nach Möglichkeit zu erfüllen. Wer bspw. schon einmal einen kompletten oder teilweisen Datenverlust durchleben musste, kann dies wahrscheinlich zumindest für das Kriterium „Schutz vor Verlust" bestätigen.

Die Dokumentationsvereinheitlichung in einem Unternehmen ist jedoch leichter gesagt als getan, weil Dokumentationsanforderungen aus einer Vielzahl von Richtungen auf die Unternehmen einwirken und unterschiedliche Abteilungen betroffen sind. Dokumentationen sind bspw. neben den GoBD auch aufgrund unterschiedlicher IT-Governance-Frameworks (z.B. COBIT, IT-Grundschutz), der DSGVO, bestimmten ISO-Normen im Bereich des Qualitätsmanagements und weiteren diversen Quellen notwendig. Umso mehr kann es sinnvoll sein, sich vor der Erstellung von System- und Verfahrensdokumentationen innerhalb des Unternehmens nach bestehenden Dokumentationsstandards und eingesetzten Tools umzusehen. Bei größeren Unternehmen ist auch vermehrt die Schaffung von zentralen Stellen zu beobachten, die sich ausschließlich um Prozessmanagement und um entsprechende Dokumentationen kümmern. Eine zusätzliche Schwierigkeit bei der Vereinheitlichung von Dokumentationen besteht auch darin, dass die verschiedenen Standards unterschiedliche Schwerpunkte verlangen, die sich sowohl auf komplette Verfahren beziehen als auch auf inhaltliche Bestandteile.

Die unternehmensweite Vereinheitlichung von Prozessnotationen könnte ein erster wichtiger Schritt für gemeinsame Dokumentationen sein. Hierfür ist auf das Kapitel 3.5. Dokumentationsplattformen zu verweisen, in dem die Notationssprache „Business Process Model and Notation“ (BPMN) näher betrachtet wird. Ein solcher Ansatz dient zu weit mehr als der bloßen Beschreibung von Prozessen, da aus der normierten Aufnahme je nach eingesetztem Produkt auch Applikationen automatisiert generiert werden können, welche die Prozessdurchlaufzeiten messen. Somit kann der Nutzer maßgebliche Informationen zur Erkennung sowie Beseitigung von Schwachstellen erhalten und damit Optimierungsmaßnahmen einleiten.

Des Weiteren kann oft beobachtet werden, dass Prozesse in einer zu hohen Granularität beschrieben werden, um tatsächlich Verbesserungspotenzial erkennbar zu machen. Bspw. könnte ein Prozessschritt „Rechnung prüfen“ lauten. In diesem Fall wäre es aber eben relevant, wie genau die Rechnung geprüft wird, also welche Prüfkriterien angewandt werden, welche Daten und Systeme hierfür anzusprechen sind und wie konkret unterschiedliche Prüfprozesse abgebildet werden, bspw. bei Rechnungen mit oder ohne Bestellbezug. Ferner ist auch stets interessant, wie im Fehlerfall vorgegangen wird, also was konkret zu unternehmen ist, wenn eine Rechnung die Prüfung eben nicht erfolgreich durchläuft. Es sind Fragen zu beantworten wie: Was passiert mit den bislang getätigten Aufzeichnungen und archivierten Dokumenten? Wie hoch sind die Toleranzgrenzen? Wird bei Überzahlung eine Gutschrift ausgestellt? Etc.

Praxistipp:
Dokumentieren Sie die Verfahren so granular wie möglich. Nur so lässt sich effizient Verbesserungspotenzial herleiten und eine valide Ebene für die Kontrollimplementierung schaffen.

Wie schon in Kapitel 1.3.2 erläutert, sind die Bestandteile einer System- und Verfahrensdokumentation gem. IDW RS FAIT 1 und GoBD weitestgehend identisch. Sie bestehen gem. Rz. 153 GoBD aus einer „allgemeinen Beschreibung, einer Anwenderdokumentation, einer technischen Systemdokumentation und einer Betriebsdokumentation". Bis auf die allgemeine Beschreibung sind alle Bestandteile auch im IDW RS FAIT 1 genannt und sogar näher spezifiziert. Allerdings sind dort im Prinzip alle Teile um unternehmensindividuelle Sachverhalte zu erweitern, sodass deren Abgrenzung (bspw. Verarbeitungsregeln in der technischen Systemdokumentation und Verarbeitungsprotokolle in der Betriebsdokumentation) erschwert wird. Das könnte ggf. vermieden werden, indem die Definition der Bestandteile im Vergleich zum IDW RS FAIT 1 leicht abgewandelt wird.

Beispiel
Bspw. könnte als Maßgabe festgelegt werden, dass die individuellen Bestandteile allesamt in der Betriebsdokumentation abgebildet werden.

In der Betriebsdokumentation ist dann die Frage zu beantworten, wie der Steuerpflichtige innerhalb des jeweiligen Verfahrens mit den zugrundeliegenden Systemen umgeht. In der Konsequenz ist die Betriebsdokumentation die geforderte System- und Verfahrensdokumentation und die anderen Bestandteile lediglich deren Anhänge.

Wie sieht es mit der Versionierung von Dokumentationen aus? Verfahren und Prozesse leben, d.h., sie unterliegen regelmäßigen Änderungen. Dies muss sich auch in der korrespondierenden Dokumentation widerspiegeln. Daher sollten die bestehenden Dokumentationen zumindest einmal jährlich von den Prozess- bzw. Systemverantwortlichen gesichtet und ggf. angepasst werden. Falls eine Dokumentation von Grund auf neu erstellt werden soll, bietet es sich an, den gegenwärtigen Status quo als Ausgangspunkt zu nehmen. Allerdings werden seitens der Betriebsprüfung auch Dokumentationsstände für die Vergangenheit angefragt. Es ist also ratsam, ausgehend von der Gegenwart, die Änderungen rückwirkend bis zum Inkrafttreten der GoBD am 1. Januar 2015 zu analysieren und bei Bedarf Vorgängerversionen anzulegen. Dies ist umso wichtiger, wenn in diesem Zeitraum die zugrundeliegenden Systeme maßgeblich geändert wurden.

3.2 Relevante Systeme und Verfahren

Noch vor der Frage nach dem Dokumentationsaufbau ist ggf. zu ermitteln, welche Systeme und Verfahren denn überhaupt relevant sind. Nach der Begleitung zahlreicher Dokumentationsprojekte in Unternehmen unterschiedlicher Branchen und Größen hat sich herausgestellt, dass im Grunde immer zwischen 15 und 25 Verfahren existieren, die Eingang in die Rechnungslegung also in die Bilanz und GuV finden.

Nach weiteren Evaluierungen wurde ersichtlich, dass diese Anzahl auf die Struktur einer handelsrechtlichen Bilanz bzw. die GuV zurückzuführen ist. Diese hat ab einer bestimmten Gliederungstiefe eben zumeist zwischen 15 und 25 Positionen, wie den Abbildungen dieses Kapitels zu entnehmen ist.

Aus diesem Grund bietet es sich an, die Ermittlung der relevanten Systeme und Verfahren anhand der Bilanz und GuV darzulegen. Weitere Vorteile dieser Herangehensweise sind, dass das jeweilige Unternehmen zum einen die Vollständigkeit seiner getroffenen Qualifikation demonstrieren kann und zum anderen eine erste Priorisierung der Prozesse möglich ist:

AKTIVA	Verfahren	System	Prio
A. Anlagevermögen			
I. Immaterielle VG	Klassifikation, Ermittlung und Bewertung	SAP AA	2
II. Sachanlagen	Abschreibungsmethoden und -dauer, Umbuchungen	SAP AA	1
III. Finanzanlagen	Klassifikation, Ermittlung und Bewertung	MS Excel	n/a
B. Umlaufvermögen			
I. Vorräte	Bewertungsmaßstäbe, Inventur	SAP MM	2
II. Forderungen	Einzelwertberichtigungen, Mahnwesen	SAP SD	2
III. Wertpapiere	Klassifikation, Ermittlung und Bewertung	S-Firm	n/a
IV. Kasse und Bank	Betrieb von Registrierkassen, Kontenanbindung und -abgleich		2
PASSIVA			
Eigenkapital	Periodenabschlüsse	Datev	1
Rückstellungen	Zuführung und Auflösung	Excel	1
Verbindlichkeiten	Beschaffungsprozess (Eingangsrechnungen)	SAP MM, DMS	1
AKTIVA und PASSIVA			
Rechnungsabgrenzung	Ermittlung	MS Excel	2
Latente Steuern	Ermittlung	MS Excel	n/a

Abb. 3.1 Relevante Prozesse nach Bilanzposten

Während die Struktur der obigen Abbildung im Prinzip allgemeingültig ist, sind die zugeordneten Verfahren, Systeme und Prioritäten beispielhaft für ein bestimmtes Unternehmen zu betrachten.

Im Beispiel werden 4 Prioritäten vergeben:

- (1) Für Verfahren, für die unmittelbar eine Dokumentation erstellt werden sollte.
- (2) Für Verfahren, die als eher unwesentlich erachtet werden und die Dokumentationserstellung, wenn überhaupt, zu einem späteren Zeitpunkt erfolgt.
- (3) Für Verfahren, die extern, bspw. von einem Steuerberater, zu dokumentieren sind.
- (n/a) Für Positionen, die nicht werthaltig sind und somit keine korrespondierenden Verfahren haben.

Die Prioritäten (1) und (2) richten sich sowohl nach der Wesentlichkeit in Bezug auf das Unternehmensergebnis als auch nach der Einschätzung der Prüfungswahrscheinlichkeit, welche den Erfahrungswerten vergangener Betriebsprüfungen entnommen werden kann. Grundsätzlich gibt es drei Kategorien bzw. Positionen, die bei nahezu jedem Unternehmen stets die Priorität 1 haben sollten, wen dem nicht triftige Gründe im Weg stehen:

- alle Verfahren, deren Ergebnisse in die Umsatzsteuererklärung eingehen (insbesondere Ein- und Ausgangsrechnungen),
- sämtliche Verfahren im Bereich der Lohnsteuer,
- Bewertung, Zuführung zu und Auflösung von Rückstellungen,
- bei Betrieb von elektronischen Registrierkassen, die Verfahren rund um die Kassenführung.

Die Auswahl genau dieser Verfahren wurde in erster Linie anhand der Prüfungswahrscheinlichkeit getroffen. Lohnsteuerliche Sachverhalte werden bspw. auch bei kleinen Unternehmen anschlussgeprüft. Durch die neue Gesetzgebung im Kontext von Registrierkassen steigt die Wahrscheinlichkeit einer Kassennachschau (siehe Kapitel 4.3. Betrieb von Registrierkassen). Die folgende Abbildung zeigt die Zuordnung der GuV-Positionen zu den relevanten Verfahren:

GUV	Verfahren	System	Prio
Umsatzerlöse	Siehe Forderungen		
Sonstige betriebliche Erträge	Siehe Forderungen		
Materialaufwand	Siehe Vorräte		
Personalaufwand	Lohnabrechnung	Paisy	1
	Reisekosten	Concur	1
	Zeiterfassung	TimeTable	1
	Pauschalversteuerung		n/a
	Kfz-Versteuerung	Paisy	1
Abschreibungen	Siehe Anlagevermögen		
Sonstige betriebliche Aufwendungen	Siehe Verbindlichkeiten		
Steuern	Steuerbescheide, Umsatzsteuerverprobungen, Umsatzsteueranmeldungen ...	Datev	2
Jahresüberschuss/-fehlbetrag	Siehe Eigenkapital		

Abb. 3.2 Relevante Prozesse nach GuV-Posten

Man sieht anhand der grau gefärbten Zeilen, dass GuV und Bilanz korrespondierende Posten (bspw. Umsatzerlöse und Forderungen) aufweisen, deren zugrundeliegende Verfahren dann natürlich nur in einem Kontext aufzuführen sind.

Eine Alternative zur Ermittlung der relevanten Verfahren nach Bilanzposten besteht in deren Ermittlung anhand der eingereichten Steuerformulare. Letztlich sind anhand sämtlicher abgegebener Formulare (z.B. Umsatzsteuervoranmeldung, Körperschaftsteuererklärung etc.) die hierin werthaltigen Felder zu ermitteln und die Wertherkunft entsprechend zu dokumentieren. Diese Vorgehensweise hat den Vorteil gegenüber der Bilanzmethode, dass sie deutlich adressatengerechter ist, da automatisch sämtliche Werte, die zum Finanzamt gelangen, dokumentiert werden. Andererseits besteht der Nachteil, dass die Nachvollziehbarkeit für eine Person, die nicht Steuerspezialist ist, nicht in dem Maße gegeben ist.

3.3 Dokumentationsaufbau

Wege, Dokumentationen aufzubauen, gibt es viele. Zudem existieren Softwareprodukte, die bei der Erstellung von Dokumentationen unterstützen – auch explizit im Bereich der GoBD. An dieser Stelle soll jedoch nicht die Einführung einer entsprechenden Software beschrieben, sondern Hilfestellung zum allgemeinen Aufbau bspw. mittels Textverarbeitungssoftware geleistet werden.

Der Begriff „System- und Verfahrensdokumentation" suggeriert, dass ein Dokument zu erstellen ist, in dem sämtliche relevanten Systeme und Verfahren zu beschreiben sind. Tatsächlich ist dieser Ansatz aber nur wenig praktikabel, wenn man sich die Eigenschaften eines Systems und eines Verfahrens genauer vor Augen führt.

Bei einem Verfahren bzw. einem Prozess handelt es sich um eine definierte Abfolge von Handlungen, die durch Ereignisse und Konditionen gesteuert werden kann. Beispiele hierfür sind die Abwicklung von Reisekostenabrechnungen, der Betrieb von Registrierkassen oder, wenn man es weiter fasst, der Beschaffungsprozess (auch genannt „Purchase To Pay" (P2P)-Prozess) bzw. der Vertriebsprozess – „Order To Cash" (O2C).

Diese Prozesse tangieren üblicherweise mehrere Systeme. Eine Reisekostenabrechnung wird in einem Reisekostensystem erfasst, gelangt dann über Schnittstellen in die Lohnbuchhaltung, die Finanzbuchhaltung sowie vielleicht in ein angebundenes DMS.

Ein System hingegen kann eine Registrierkasse, ein Warenwirtschaftssystem oder auch ein System zur Abwicklung von Reisekosten sein. Auch die Finanzbuchhaltung ist innerhalb eines Systems manifestiert, in welches im Grunde sämtliche GoBD-relevanten Prozesse einfließen. Die Dokumentation aller relevanten Systeme und Verfahren in einem einzigen Dokument führt daher zwangsläufig zu Wiederholungen und einer mangelhaften Übersicht – es sei denn das Unternehmen ist hinreichend klein und somit übersichtlich strukturiert.

Es bietet sich daher an, Systeme und Verfahren voneinander getrennt zu dokumentieren. Um möglichst unabhängig von der Dokumentationsplattform zu bleiben, können die hier behandelten Beispiele mit einem allgemeinen Textverarbeitungsprogramm umgesetzt werden. Alternative Infrastrukturen werden in Kapitel 3.5. Dokumentationsplattformen näher beleuchtet.

Hinweis:
Unabhängig davon, wie Sie dokumentieren: Achten Sie auf Rechtschreibung, korrekte Orthografie und eine ordentliche Formatierung. Ein Dokument, bei dem dies nicht gegeben ist, will niemand weiterpflegen.

Für die Dokumentation von Systemen hat sich aus Autorensicht die Verwendung eines sog. Systemsteckbriefs bewährt. Ein Beispiel hierzu findet sich in der Anlage II. Innerhalb des Systemsteckbriefs werden relevante Systeme möglichst unabhängig von den Verfahren beschrieben, an denen sie beteiligt sind. Es werden grundsätzliche Parameter wie bspw. die Art der geführten Daten, der Standort oder technische Eigenschaften erhoben. Daneben werden auch zahlreiche Informationen abgefragt, die im Grunde bereits dokumentiert bzw. erstellt sein sollten und dementsprechend als Link einzufügen sind. Diese Punkte sind innerhalb des Steckbriefs hervorgehoben gedruckt. Innerhalb der Verfahrensdokumentationen kann dann auf die jeweils relevanten Systemsteckbriefe inklusive deren Anhänge verwiesen werden.

Größere Unternehmen haben naturgemäß mehr und komplexere Systeme bzw. Verfahren als kleinere Unternehmen. Entsprechend können bei Großunternehmen bei dem skizzierten Ansatz schnell eine erhebliche Menge an Dokumenten entstehen bzw. im Umlauf sein, für die der Überblick gewahrt werden muss. In einem solchen Fall bietet es sich an, ein sog. Dachdokument zu etablieren, welches im Grunde nur die Verweise auf die einzelnen Dokumentationen für Verfahren und Systeme enthält. Gleichzeitig können im Dachdokument auch allgemeine Fakten zur Organisation oder zur IT-Infrastruktur beschrieben werden, sodass diese in den Einzeldokumentationen nicht jedes Mal zu wiederholen sind. Die folgende Abbildung zeigt eine Übersicht der verschiedenen Dokumentationsbestandteile:

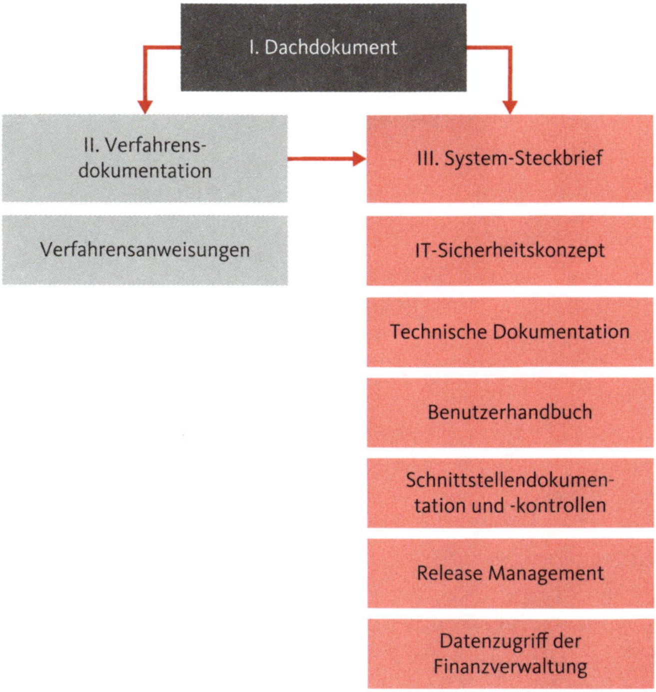

Abb. 3.3 Dokumentationsbestandteile

Eine Verfahrensdokumentation verweist auf die Systemsteckbriefe, aber idealerweise auch auf Verfahrensanweisungen – also verbindliche Vorgaben für Mitarbeiter, innerhalb eines Prozesses bestimmte Schritte in einer bestimmten Art und Weise auszuführen. Tätigkeiten, die in Anweisungen hinreichend manifestiert sind, müssen nicht erneut dokumentiert werden. Es genügt ein Verweis, ggf. ergänzt mit einer kurzen Erläuterung der wesentlichen Inhalte.

Generell ist zu empfehlen, bei Verweisen auf Dokumente jeglicher Art ein bis zwei Sätze zu formulieren, die ausdrücken, welche Inhalte das Dokument im Allgemeinen aufweist. Ggf. kann so vermieden werden, dass der Leser (Prüfer) überhaupt Einsicht in die Anlage nimmt, wenn er lediglich validieren will, ob alle relevanten Inhalte im Hauptdokument berücksichtigt wurden.

Der Systemsteckbrief wiederum enthält Verweise auf Unterlagen, die allgemein für sämtliche Systeme relevant sein können (z.B. IT-Sicherheitskonzept) oder nur für das jeweils beschriebene System (z.B. die technische Dokumentation). Nähere Erläuterungen zu den Unterlagen finden sich in der Anlage II.

Im Systemsteckbrief werden auch die Daten von konkreten Ansprechpartnern für das System aus fachlicher und technischer Sicht abgefragt. Es liegt in der Entscheidung des Steuerpflichtigen, dies zu übernehmen oder auf die Nennung von persönlichen Daten wie Namen und Kontaktdaten zu verzichten. Insbesondere innerhalb der Verfahren wechseln die involvierten Personen i.d.R. häufig, was dazu führt, dass die Dokumentation bei Nennung der Namen nicht mehr aktuell ist. Eine bessere Alternative könnte sein, innerhalb der Prozessbeschreibung mit Rollen zu arbeiten und einen Hinweis zu ergänzen, wie die entsprechenden Mitarbeiter ermittelt werden können (bspw. durch Dienstpläne, Organigramme oder durch das Benutzermanagementmodul der zugrundeliegenden Anwendungen).

3.4 Verfahrensdokumentation

3.4.1 Einleitender Teil

Zu Beginn der Verfahrensdokumentation bietet es sich an, kurz den Kontext des Dokuments zu beschreiben sowie die relevanten Rechtsgrundlagen aufzuführen. Der Passus könnte in etwa wie folgt lauten:

Beispiel

„Die Firma A GmbH nutzt zur Erfassung, Verarbeitung und Archivierung von Ausgangsrechnungen und den vorgelagerten Dokumenten (Auftrag und Lieferschein) die Software ERP von der Firma SPA AG.

Vorliegendes Dokument beschreibt den zugrundeliegenden Prozess im Sinne einer System- und Verfahrensdokumentation, die gemäß unterschiedlicher rechtlicher Grundlagen verbindlich für jeden rechnungslegungsrelevanten Prozess vorliegen muss. Hierzu gehören u.a.:

- GoBD: „Grundsätze zur ordnungsmäßigen Führung und Aufbewahrung von Büchern, Aufzeichnungen und Unterlagen in elektronischer Form sowie zum Datenzugriff" (BMF-Schreiben vom 28. November 2019).
- IDW RS FAIT I: „Grundsätze ordnungsmäßiger Buchführung bei Einsatz von Informationstechnologie" (IDW-Stellungnahme zur Rechnungslegung aus dem Jahr 2002).
- IDW RS FAIT III: „Grundsätze ordnungsmäßiger Buchführung beim Einsatz elektronischer Archivierungsverfahren" (IDW-Stellungnahme zur Rechnungslegung aus dem Jahr 2005).
- Die o.g. Schreiben und Stellungnahmen konkretisieren diverse gesetzliche Vorschriften. Insbesondere §§ 238, 239 und 257 HGB sowie §§ 145–147 AO.
- Soweit Rechnungen im umsatzsteuerlichen Sinne verarbeitet werden, sind als gesetzliche Grundlage auch die §§ 14 (Pflichtangaben), 14b (Ausstellung von Rechnungen) und 14c UStG (mehrfacher Umsatzsteuerausweis) heranzuziehen. Außerdem sind die Vorgaben der UStDV zu beachten.

Eine System- und Verfahrensdokumentation im o.g. Kontext beschreibt die Verfahren und Systeme, welche aufbewahrungspflichtige Unterlagen im Sinne der Abgabenordnung und des Handelsgesetzbuchs führen. Daher ist die Dokumentation selbst auch an die gleichen Aufbewahrungsfristen wie die korrespondierenden Belege und anderen Unterlagen gebunden.

Zusätzlich müssen die Abläufe und Funktionen bei Änderungen zum jeweilig gültigen Zeitpunkt beschrieben sein. Es ist also eine entsprechende Versionierung erforderlich, die wiederum die Aufbewahrungsfrist verlängert.

Gem. den GoBD besteht eine System- und Verfahrensdokumentation i.d.R. aus den folgenden Inhalten:

- einer sachlogischen Beschreibung,
- einer Betriebsdokumentation,
- einer Anwenderdokumentation sowie
- einer technischen Systemdokumentation.

Die ersten beiden Punkte sind prozessorientiert und werden unmittelbar in dem vorliegenden Dokument beschrieben. Die Anwenderdokumentation und die technische Systemdokumentation sind systemorientiert. Die Inhalte sowie mögliche Verknüpfungen zu weiteren Dokumentationen sind in einem „GoBD System-Steckbrief" je System enthalten. Die Steckbriefe sind als Anhang hinterlegt."

Die Beschreibung von Prozessen in Hinblick auf die GoBD sollte idealerweise darlegen, inwiefern den spezifizierten Anforderungen entsprochen wird. Daher kann es sinnvoll sein, diese Anforderungen den eigentlichen Prozessbeschreibungen vorwegzustellen, um einerseits die Zielsetzung für den Autor bereits zu Beginn zu manifestieren und andererseits dem Leser (Betriebsprüfer) zu demonstrieren, dass man die Anforderungen verstanden hat. Die folgende Tabelle fasst daher nochmals kurz die Ordnungsmäßigkeitskriterien zusammen:

Kriterium	**Beschreibung**
Prüfbarkeit	Alle Geschäftsvorfälle müssen vom Beleg zur Bilanz (progressiv) und umgekehrt von der Bilanz zum Beleg (retrograd) überprüfbar sein. Dies setzt insbesondere eine eindeutige Indizierung über verschiedene Systeme voraus, sodass ein Referenzieren überhaupt möglich ist.
Schutz vor Verlust und ungewollter Veränderung	Informationen, welche in den Verarbeitungsprozess Eingang gefunden haben, dürfen nicht mehr unterdrückt oder ohne Kenntlichmachung überschrieben, gelöscht, geändert oder verfälscht werden.
Vollständigkeit	Vollzählige und lückenlose Erfassung sämtlicher (steuerlich relevanter) Sachverhalte.
Richtigkeit	Übereinstimmung mit den tatsächlichen Verhältnissen und im Einklang mit den rechtlichen Vorschriften inhaltlich zutreffend.

Kriterium	Beschreibung
Zeitgerechtheit	Daten bzw. Dokumente werden einer zeitnahen Belegsicherung zugeführt damit der Schutz vor Verlust sichergestellt ist.
Ordnung	Die Geschäftsvorfälle müssen Sach- und Personenkonten zugeordnet (sachliche Ordnung bzw. Kontenfunktion) sowie gemäß ihrer zeitlichen Abfolge nachvollziehbar sein (zeitliche Ordnung oder Journalfunktion).
Vertraulichkeit	Der unberechtigte Zugriff von Dritten ist zu unterbinden – sowohl lesend als auch schreibend.
Autorisierung	Die Verarbeitung und die Sichtung von Aufzeichnungen muss einem Berechtigungskonzept folgen, welches die Zugriffe steuert.
Authentizität	Ein Geschäftsvorfall muss einem Verursacher eindeutig zuzuordnen sein.

Tab. 3.1 Übersicht Ordnungsmäßigkeitskriterien

Auf die Nennung der „Verbindlichkeit" als Ordnungsmäßigkeitskriterium wird an dieser Stelle verzichtet, da dieses Kriterium, wie oben erwähnt, eher allgemeiner Natur ist. Auch das Kriterium der „Lesbarkeit" wird innerhalb der Verfahren eher nicht behandelt, da es im Kontext eines Systems zu sehen ist.

3.4.2 Teilprozesse

Bei umfangreichen Verfahren bietet es sich an, diese in sog. Teilprozesse zu zerlegen, welche wiederum in jeweils gesonderten Kapiteln behandelt werden. Zum einen wird so die Übersicht verbessert und zum anderen können die einzelnen Kapitel ggf. auch von abweichenden Sachbearbeitern behandelt werden. Oftmals besteht die Schwierigkeit, die Teilprozesse zu definieren bzw. geeignete Grenzen zwischen ihnen zu ziehen.

Eine Herangehensweise könnte sein, die groben Inhalte bzw. Tätigkeiten der initial ermittelten Teilprozesse stichpunktartig zu skizzieren. Gleiches könnte noch für die gerade genannten Ordnungsmäßigkeitskriterien getan werden, indem die für diesen Teilprozess relevanten Kriterien ermittelt werden. Im Ergebnis erhält man einen kompakten Überblick und gewinnt einen Eindruck, ob die Granularität der Teilprozesse in geeigneter Form gewählt wurde.

Die folgende Abbildung zeigt ein Beispiel für eine mögliche Ermittlung von Teilprozessen anhand eines Verfahrens zur Reisekostenabrechnung:

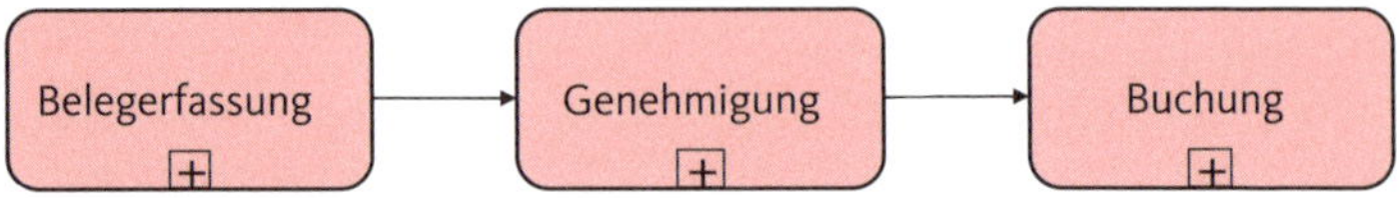

Inhalte

- Belege werden durch den Reisenden oder über eine Schnittstelle an den Teamassistenten übermittelt
- Der Teamassistent prüft und scannt die Belege

- Die Erstattung der Reise muss sowohl vom Reisenden als auch vom Vorgesetzten freigegeben werden
- Die Belege werden im RK-Systemarchiviert

- Die Reisedaten gelangen über eine Schnittstelle in das ERP-System

Anforderungen

- Gute Lesbarkeit der Scans
- Vollständige, richtige und zeitgerechte Erfassung
- Schutz vor Verlust und Veränderung
- Vertraulichkeit bei der Nutzung unterschiedlicher Plattformen
- Authentizität

- Unveränderbarkeit der archivierten Unterlagen
- Lesbarkeit und Verfügbarkeit im Rahmen des Datenzugriffs der Finanzverwaltung

- Progressive und retrograde Prüfbarkeit der Reisen in ERP- und RK-System
- Datenintegrität bei der Übertragung
- Zuordnung zu Perioden und Konten

Abb. 3.4 Teilprozesse Reisekostenabrechnung

Die Abbildung zeigt, dass jedem Teilprozess eine Liste von Tätigkeiten bzw. Inhalten sowie eine gewisse Anzahl von zu erfüllenden Ordnungsmäßigkeitskriterien zugewiesen ist. Sind die Aufzählungen zu kurz oder zu lang, kann dies ein Anhaltspunkt dafür sein, den Teilprozess entweder in einen anderen zu integrieren oder ihn aufzuteilen. Ein weiterer Anhaltspunkt, um Teilprozesse geeignet zu gliedern, ist ggf. auch die personelle Zuständigkeit bzw. Verantwortlichkeit für die einzelnen Tätigkeiten.

Wie oben erwähnt, hat jeder Teilprozess innerhalb der Verfahrensdokumentation sein eigenes Kapitel, von dem jedes einheitlich die folgenden Unterpunkte aufweisen könnte:

– Sachlogische Beschreibung:

Innerhalb dieses Kapitels findet die eigentliche Beschreibung des Prozesses statt. Es wird bereits auf die Punkte eingegangen, die eine Ordnungsmäßigkeit organisatorisch oder softwaretechnisch gewährleisten. Die Sachlogische Beschreibung kann mittels Prozessnotationsstandards visualisiert und ggf. auch vollständig erstellt werden (siehe Kapitel 3.5. Dokumentationsplattformen). Im Kapitel 4. Beispielverfahren werden ferner Fragen aufgeführt, die für die jeweiligen Beispielprozesse im Rahmen der sachlogischen Beschreibung zu beantworten sind. Anhand der Fragestellungen können Analogien für alternative Prozesse gezogen werden.

– Technische Infrastruktur und Berechtigungen:

Die Ordnungsmäßigkeit muss auch von der zugrundeliegenden Technik bzw. dem Berechtigungskonzept unterstützt bzw. überhaupt erst gewährleistet werden. Entsprechende Parameter, die den jeweiligen Teilprozess betreffen, sind in diesem Kapitel aufzuführen. Ebenso kann Bezug auf spezifische Hardware genommen werden.

– Ordnungsmäßigkeitskriterien und Kontrollen:

Dieses Kapitel enthält eine Übersicht, welche Ordnungsmäßigkeitskriterien relevant und welche Kontrollen zu deren Einhaltung implementiert sind. So wird die lückenlose Beschreibung aller zur Erlangung der Ordnungsmäßigkeit erforderlichen technischen und organisatorischen Maßnahmen sichergestellt.

3.4.3 Technische Infrastruktur und Berechtigungen

Nicht alle technischen Parameter sind im Kontext von Systemen zu sehen, also innerhalb der Systemsteckbriefe gem. Anlage I abzubilden. Es existieren Infrastrukturkomponenten, die für eine Vielzahl von Systemen gelten oder auch nur im Kontext des jeweiligen Verfahrens relevant sind. Insofern bietet es sich an, pro Teilprozess ein eigenes Kapitel „Technische Infrastruktur und Berechtigungen“ zu führen, in dem diese Parameter beschrieben sind.

Sind Dateischnittstellen Bestandteil des Prozesses, bei denen eine Datei innerhalb des Dateisystems zwischengespeichert wird, so sind die Zugriffe auf diesen Speicherort festzulegen und zu dokumentieren. So wird dargelegt, dass auch während der Verarbeitung keine Daten abhandenkommen oder ungewollt geändert werden.

Sofern für den Prozess spezifische Hardware benötigt wird (bspw. Scanner) sind auch diese zu beschreiben und es sind ebenso die Standardkonfigurationen wie Farbgebung und Auflösung anzugeben.

Ein wesentlicher Aspekt um die Ordnungsmäßigkeit des Verfahrens darzulegen, ist die Autorisierung der teilnehmenden Nutzer (siehe hierzu auch Kapitel 2.2.10). Es sollte dokumentiert werden, welche Rollen mit welchen Berechtigungen im Rahmen des Verfahrens tätig werden und wie ggf. die zugehörigen Personen zu ermitteln sind (bspw. mittels eines Berichts aus den zugrundeliegenden Systemen). Ggf. ist auch der Verweis auf ein allgemein gültiges Berechtigungskonzept zu hinterlegen.

3.4.4 Ordnungsmäßigkeitskriterien und Kontrollen

Das dritte Kapitel für jeden Teilprozess besteht im Grunde lediglich aus einer tabellarischen Gegenüberstellung der durchgeführten Kontrollen mit den Ordnungsmäßigkeitskriterien, die damit erfüllt werden. Naturgemäß werden Teile der beiden vorangegangen Kapitel („sachlogische Beschreibung“, „Technische Infrastruktur und Berechtigungen“) wiederholt. Diese (eigentlich zu vermeidende) Redundanz bietet gleichzeitig eine kompakte Zusammenfassung der Inhalte, die abschließend hinsichtlich ihrer Zielsetzung validiert werden. Somit handelt es sich um eine Hilfestellung für den Leser und auch den Verfasser, die als optional angesehen werden kann, aber gerade bei der initialen Dokumentationserstellung hilfreich ist. Ein Beispiel in Anlehnung an den Teilprozess der Reisekostenabrechnung (siehe **Abb. 3.4**) ist der folgenden Tabelle zu entnehmen:

Kriterium	Kontrollen
Vollständigkeit	– Sachliche Prüfung (ggf. fehlende Übernachtungsrechnungen, fehlende elektronische Rechnungen) – Bei mehrseitigen Rechnungen sind auch nach dem Scan alle Seiten enthalten – Bedruckte Rückseiten sind gescannt, soweit erforderlich
Richtigkeit	– Materiell rechtliche Prüfung gem. UStG und UStDV – Sachliche Prüfung der Rechnungsinhalte (z.B. Ausschluss von Bewirtung, Pay TV etc.) – Turnusmäßige Stichproben durch Personal- oder Steuerabteilung auf Richtigkeit der materiell rechtlichen Beurteilung und korrekten Ablage
Verfügbarkeit	Regelmäßige Backups verhindern den Datenverlust selbst bei Hardwareausfall

Tab. 3.2 Beispiel Ordnungsmäßigkeitskriterien und Kontrollen

Die Maßnahmen sind, wie erwähnt, zuvor in der sachlogischen Beschreibung näher zu spezifizieren und selbstverständlich auch so zu leben. Die Implementierung der Kontrollen findet hingegen in der Regel nicht im Rahmen von Dokumentationen statt, sondern wird organisatorisch mit Arbeitsanweisungen und Berechtigungskonzepten sowie softwaretechnische mit entsprechenden Verarbeitungsvalidierungen umgesetzt. Die Protokollierung der Durchführung erfolgt naturgemäß auch separat.

3.5 Dokumentationsplattformen

Die grafische Spezifikationssprache „Business Process Model and Notation (BPMN)“ ist neben der „ereignisgesteuerten Prozesskette (EPK)“, eine von im Grunde nur zwei international gültigen Notationsstandards für Prozesse. Wenn Prozesse visualisiert werden, ist dringend die Verwendung eines dieser beiden Standards anzuraten. Die Gründe hierfür sind vielfältig:

- Die Notationsformen wurden von Experten aufwändig entwickelt, abgestimmt und gepflegt. Sie weisen daher einen Reifegrad auf, den man mit einer eigenen Notation kaum erreichen kann.
- Die Darstellung ist so gewählt, dass auch eine Person, welche die Notationsnormen nicht kennt, zumindest zum großen Teil den Ablauf versteht.
- Wenn zwei Personen unabhängig voneinander im gleichen Notationsstandard einen Prozess erfassen, ist zu erwarten, dass auch annähernd die gleichen Diagramme entstehen. Große Unterschiede können jedoch bei der Wahl der Dokumentationsebene, also der Granularität von Tätigkeitsbeschreibungen, entstehen.
- Bezüglich beider Notationsstandards existieren Softwarewerkzeuge, die bei der Erfassung unterstützen können und in Bezug auf die Prozessoptimierung wesentliche Hilfe bieten.

Von den letztgenannten Werkzeugen existiert eine Vielzahl am Markt. Die Firma Camunda[46] bietet bspw. eine kostenfreie Version für einen BPMN Modeler an, also einem Modul, mit dem BPMN-Diagramme erfasst werden können.

[46] https://camunda.com/ (zuletzt abgerufen am 03.06.2020).

Die folgende Abbildung zeigt ein BPMN-Diagramm, welches mit der Software Signavio[47] erstellt wurde:

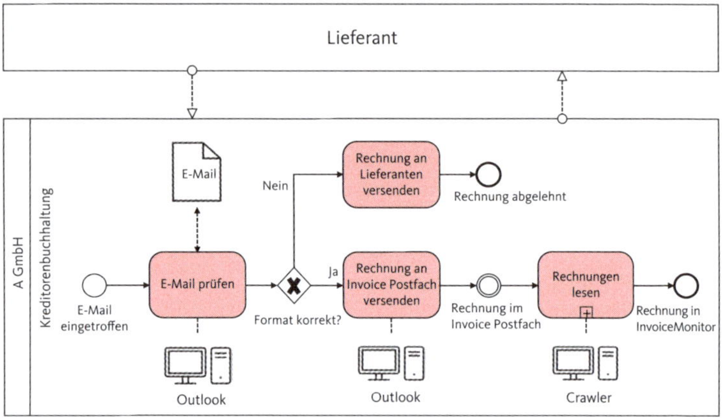

Abb. 3.5 BPMN-Diagramm – Rechnungseingang per E-Mail

Es sind anhand der Abbildung bereits einige Grundsätze der Notationsform zu erkennen: BPMN zeichnet sich durch die Verwendung sog. „Swimlanes" (dt. Schwimmbahn) aus, die jeder involvierten Rolle einen kompletten horizontalen Diagrammbereich zugestehen, wie im Beispiel für die Kreditorenbuchhaltung zu sehen ist. Sind mehrere Rollen involviert, ist der Kommunikationsaustausch zwischen ihnen gut durch das vertikale Überschreiten einer Swimlane-Grenze zu erkennen. Jedes Verfahren muss mit einem sog. Startereignis beginnen und mit einem weiteren Ereignis enden (zu erkennen anhand der beiden Kreise). Dazwischen stehen sog. Tasks, also Aufgaben bzw. Tätigkeiten, die gem. unterschiedlicher Bedingungen ausgeführt werden. Auch alle weiteren verwendeten Symbole und sogar die Form der Pfeile folgen einer verbindlichen Logik, auf die jedoch hier nicht konkret eingegangen wird. Detailliertere Erläuterungen können der einschlägigen Literatur entnommen werden.

Auch ohne Kenntnis der BPMN-Notationsvorgaben sollte es sich einem Leser erschließen, was in dem Prozess passiert, und aus dem Beispiel wird zudem ersichtlich, welche Systeme involviert sind. Allerdings ist

[47] https://signavio.com/de/ (zuletzt abgerufen am 03.06.2020).

nicht ohne Weiteres erkennbar, wie die einzelnen Tasks ausgeführt werden. Dies muss Bestandteil von weiteren Dokumentationen sein, bspw. nach welchen Kriterien eine E-Mail überprüft wird. Bei den meisten BPMN-Werkzeugen kann eine solche Beschreibung hinterlegt werden. So wäre die Plattform ggf. auch für die vollständige Erfassung der sachlogischen Beschreibung geeignet. Die beiden o.g. Kapitel (3.4.3. Technische Infrastruktur und Berechtigungen sowie 3.4.4. Ordnungsmäßigkeitskriterien und Kontrollen) könnten dann genauso wie die einleitenden Erläuterungen als Anlage beigefügt werden.

4 Beispielverfahren

4.1 Vertriebsprozess (O2C)

Der Vertriebsprozess (auch Order To Cash oder kurz O2C genannt) findet seinen GoBD-bezogenen Schwerpunkt in der Erstellung von Ausgangsrechnungen, da dieser Teil umsatz- sowie ertragsteuerlich eine große Relevanz hat und strengen formalen Anforderungen unterliegt. Daneben gibt es jedoch noch einige weitere Teilprozesse, die von Bedeutung sein können. Die folgende Abbildung zeigt eine mögliche Untergliederung des Vertriebsverfahrens in Teilprozesse:

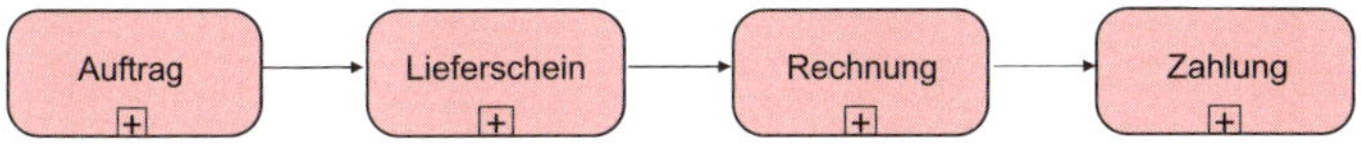

Auftrag	Lieferschein	Rechnung	Zahlung
Inhalte			
• Stammdaten • Preisfindung • Sonderfälle (sonstige Leistung, Muster)	• Lieferbedingungen bei Reihen-/Dreiecks-geschäften • Einfluss auf die Steuerfindung • Warenausgangs-buchungen	• Varianten Papier/EDI/ PDF/Mail/Portal • Kunden-Setup bzgl. Versandkanal • Umsatzsteuerfindung • Gutschriftverfahren	• Skonti • Einzelwertberichtigung • Offene-Posten-Kontrolle • Buchung von Anzahlungen • Datenflüsse
Anforderungen			
• Richtigkeit (Stammdaten und Versionierung) • Erfassungskontrollen (vor allem bei Storni) • Vollständigkeit/ Datensicherheit	• Prüfbarkeit vom Auftrag zur Rechnung • Protokollierung von Änderungen und Storni • Richtigkeit der Buchungen	• Vollständigkeit • Richtigkeit (§§14 ff. UStG) • Lesbarkeit und Verfügbarkeit im Rahmen des Datenzugriffs der Finanzverwaltung	• Richtigkeit • Prüfbarkeit (Index zur Rechnung)

Abb. 4.1 Teilprozesse Vertrieb

Insbesondere bei international tätigen und produzierenden Unternehmen mit zahlreichen Reihengeschäften kann die Umsatzsteuerfindung durchaus komplex sein. Hinzu kommt, dass der genaue Ablauf des Geschäftsvorfalls für eine korrekte umsatzsteuerliche Beurteilung manchmal nicht hinreichend bekannt ist. Bspw. kommt es bei einem grenzüberschreitenden Reihengeschäft mit drei Beteiligten darauf an, wer den Transport beauftragt. Geschieht dies nicht durch den ersten Lieferanten, also handelt es sich um einen sog. Abholfall, weiß dieser oftmals nicht, ob der Rechnungsempfänger oder der Leistungsempfänger den Transport beauftragt hat und stellt so ggf. eine fehlerhafte Rechnung aus. Die systemseitige Ermittlung der korrekten Umsatzsteuer geschieht häufig bereits bei der Auftragsanlage oder der Erstellung des Lieferscheins und wird in der Rechnung von dort übernommen. Daher bietet es sich unbedingt an, den Steuerfindungsprozess inklusive aller einbezogenen Parameter und deren möglicher Übersteuerung zu dokumentieren bzw. auf eine bestehende Dokumentation zu verweisen.

Ein weiterer Punkt, den es zu beachten gilt, ist der Rechnungsversand über unterschiedliche Kanäle, wie Papier, PDF oder Mail. Der Unternehmer hat gem. § 14b UStG ein Doppel der Rechnung aufzubewahren, die er ausstellt. Da es sich um einen Buchungsbeleg gem. § 147 Abs. 1 Nr. 4 AO handelt, muss dieser bildlich wiedergegeben werden können.

Es gibt mehrere Varianten, welche hier zu Herausforderungen werden können:

a. Der Unternehmer versendet die Rechnung in Papierform, druckt diese zuvor auf einem Briefbogen aus und behält als Rechnungsdoppel aus Kostengründen lediglich eine Version auf einem Blankopapier. Hierbei handelt es sich nicht um ein bildliches Doppel der Rechnung, da umsatzsteuerlich relevante Angaben lediglich auf dem Briefbogen vorhanden sind.
b. Der Unternehmer druckt die Rechnung aus dem System inklusive Briefkopf auf einem Blankopapier und generiert keinen zweiten Ausdruck. Stattdessen druckt er die Rechnung bei Bedarf erneut aus dem ERP-System heraus aus. Ändert sich der Briefkopf im Zeitverlauf und es soll eine Rechnung vor dieser Änderung erneut ausgedruckt werden, erscheint diese ggf. mit dem neuen Briefkopf und ist kein Doppel der originalen Rechnung. Dieser Umstand fällt unter die in Kapitel 2.2.2. Schutz vor Verlust und Veränderung erläuterte Stammdatenthematik.
c. Werden Rechnungen auf unterschiedlichen Kanälen versandt, die bildlich nicht übereinstimmen (bspw. per EDI und per PDF als E-Mailanhang), sind ggf. beide Versionen aufzubewahren.

Zusammenfassend ist zu empfehlen, immer ein tatsächliches Doppel der Rechnung vorzuhalten und sich nicht mit inhaltlichen Kompromisslösungen zufriedenzugeben bzw. auf die zuverlässige Wiederherstellung von Rechnungen aus dem ERP-System zu verlassen.

Der Punkt c. in der Liste birgt noch ein weiteres Problem in sich, das konkret beim parallelen Versand von EDI und PDF auftritt. Unternehmen wählen diese Variante oft zu Beginn eines neu aufgesetzten EDI-Verfahrens, um dem Rechnungsempfänger eine Möglichkeit zum Abgleich der per EDI erhaltenen und verarbeiteten Informationen zu ermöglichen. Oft wird jedoch das „Abschalten" des PDF-Kanals vergessen und so gelangen die Rechnungen dauerhaft in zwei Versionen zum Kunden. Dies wäre per se kein Problem, wenn es sich um sog. inhaltlich identische Mehrstücke gem. Umsatzsteuer-Anwendungserlass (UStAE)[48] handelt. Die Feststellung der Identität erfolgt laut UStAE auf die gem. § 14 Abs. 4 UStG erforderlichen Pflichtbestandteile einer Rechnung. Sind diese in EDI und Papier nicht identisch, handelt es sich um kein inhaltlich identisches Mehrstück und die auf der Rechnung ausgewiesene Umsatzsteuer wäre gem. § 14 c UStG doppelt abzuführen.

Leider passiert dies häufiger, als man befürchten mag. Die Leistungsbeschreibung ist bspw. ein Pflichtbestandteil einer Rechnung gem. § 14 Abs. 4 UStG. In der Praxis ist es häufig so, dass diese auf der Papier- oder PDF-Variante ausführlich angedruckt wird (ggf. auch mit zweiter Beschreibungszeile oder Zollinformationen) und in einem korrespondierenden EDI im Extremfall nur die Artikelnummer vermerkt ist. Zur technischen Verarbeitung ist wohl auch nicht mehr notwendig, aber es handelt sich in diesem Fall eben um kein inhaltlich identisches Mehrstück.

Im Übrigen ist dieses Risiko auch bei der Ausstellung von sog. ZUGFeRD-Rechnungen[49] gegeben. Hierbei handelt es sich um eine Rechnung im PDF-Format, in welches ein XML-Datensatz mit den (hoffentlich) identischen Inhalten eingebettet ist. Der Rechnungsempfänger hat so die Möglichkeit, den XML-Teil des Dokuments automatisiert zu verarbeiten, sofern die bei ihm installierte Software das ZUGFeRD-Format unterstützt. Im Vergleich zur elektronischen Interpretation von PDF hat der XML-Teil den Vorteil, dass er über alle Lieferanten hinweg identisch strukturiert ist und nicht erst mittels OCR und komplizierten Bildkonvertierungen inhaltlich verarbeitet werden kann.

[48] Vgl. UStAE vom 06. Februar 2020, 14c.1. Abs. 4.
[49] https://www.ferd-net.de/ (zuletzt abgerufen am 03.06.2020).

Abschließend zu den Ausführungen noch ein Hinweis zum Versand:

Praxistipp:
Wenn Sie Papierrechnungen versenden, achten Sie darauf, dass diese „einfach“ gescannt werden können, also keine farbigen oder zu kleinen Schriften enthalten.

Wenn Sie PDF-Rechnungen versenden, achten Sie darauf, dass in der Träger-E-Mail keine Inhalte zur Erläuterung zur Rechnung stehen (bspw. Skonto oder Zahlungsbedingungen). Ansonsten wäre die komplette E-Mail für den Empfänger aufbewahrungspflichtig und nicht nur die angehängte PDF.[50]

Ihre Kunden werden es Ihnen danken.

Die folgenden Punkte behandeln einige Fragen, die im Rahmen der Verfahrensdokumentation innerhalb der sachlogischen Beschreibung für die jeweiligen Teilprozesse zu beantworten wären:

Auftrag

- Würdigung der innerhalb des Verfahrens verarbeiteten Unterlagen (Aufträge = ausgehende Geschäftsbriefe, daher inhaltliche Wiedergabe notwendig, aber keine bildliche; kein Buchungsbeleg).
- Wie erfolgt generell die Auftragsanlage (Menüpfad, Transaktion etc.)?
- Welche Sonderfälle gibt es (z.B. Musterlieferungen), die vom Standard abweichen?
- Welche Stammdaten (Artikel, Material, Kunden etc.) werden einbezogen und wie ist sichergestellt, dass deren Bedeutung bei Stammdatenänderungen im Kontext der bereits angelegten Aufträge erhalten bleibt (Versionierung, Verbot der Änderung, Änderungshistorie)? Falls sie nicht Bestandteil des Auftrags ist, muss die Stammdatenthematik in einem anderen Teilprozess beschrieben werden – ggf. auch in einem gesonderten Kapitel.
- Welche Besonderheiten gibt es bei der Preisfindung zu beachten (z.B. Möglichkeiten zum Überschreiben eines Preises)? Anlage von Preisregeln, Preisebenen etc.

50 Siehe Kapitel 4.2.3. E-Mails.

Lieferschein

- Würdigung der innerhalb des Verfahrens verarbeiteten Unterlagen (Lieferschein = Buchungsbeleg, daher bildliche Übereinstimmung mit dem Original erforderlich).
- Wie sind die Verknüpfungskriterien vom Auftrag über den Lieferschein zu den Rechnungen?
- Können Auftragsdaten überschrieben werden? Wie ist dies erkennbar?
- Gibt es Lieferscheine ohne Aufträge und wie sind diese identifizierbar?
- Wie und zu welchem Zeitpunkt findet die Warenausgangsbuchung statt?
- Wie erfolgt der Umgang mit Retouren oder fehlerhaften Lieferbeständen?
- Gibt es Abholfälle in den Werken und wie wird das in den Lieferscheinen vermerkt?

Rechnung allgemein

- Würdigung der innerhalb des Verfahrens verarbeiteten Unterlagen (Rechnung = Buchungsbeleg, daher bildliche Übereinstimmung mit dem Original erforderlich; außerdem Aufbewahrungspflicht eines Rechnungsdoppels gem. UStG).
- Unterschiedliche Versandkanäle und wie können diese für die jeweiligen Kunden identifiziert werden? Außerdem ungefähre Angabe der mengenmäßigen Anteile je Kanal.
- Ermittlung der Umsatzsteuer. Nachweis der Sicherstellung, dass alle Angaben nach §14 Abs. 4 UStG auf der Rechnung enthalten sind.
- Welche Sonderfälle gibt es, die vom Standard abweichen (z.B. Gutschriftverfahren)?
- Umgang mit Storni und Gutschriften.
- Meldeverfahren, falls Periode der Rechnung nicht auch die Leistungsperiode ist.
- Bei Rechnungen in das EU-Ausland: Wie und in welchem Turnus erfolgt die Verifikation der UID-Nummern von den jeweiligen Kunden?
- Wie, in welchem Turnus und auf welche Weise finden Umsatzsteuerverprobungen statt?
- Wie kann im Rahmen des Datenzugriffs der Finanzverwaltung, aber auch für eventuelle Migrationsszenarien eine Extraktion der Rechnungsdokumente inklusive Indexierung zum zugehörigen Datensatz sichergestellt werden?

PDF-Rechnung

- Wie erfolgt die Aufbewahrung des Rechnungsdoppels? Sicherstellung, dass PDF aufbewahrt wird, und die Rechnung nicht aus den Systemdaten wiederhergestellt wird – ansonsten Risiko von Stammdatenänderungen.
- Wie erfolgt die Verknüpfung vom Buchungsbeleg zur archivierten PDF-Datei?
- Werden Träger-E-Mails aufbewahrt? Falls nein, dann Darlegung, dass hier keinerlei rechnungsrelevante Inhalte enthalten sind (ggf. Kopie des Begleittexts).
- Gibt es neben E-Mails noch andere Medien und Portale, über die der PDF-Austausch stattfindet? Falls ja, dann Benennung und Beschreibung der Kundenvereinbarung – insbesondere bzgl. des Zugangszeitpunkts.

EDI-Rechnung

- Welche Formate werden genutzt und wie kann das Format für den jeweiligen Kunden ermittelt werden?
- Über welche Dienstleister erfolgt der Versand und wie kann der Anbieter für den jeweiligen Kunden ermittelt werden?
- Welche Konvertierungen werden vom Anbieter vorgenommen? Wie erfolgt die Aufbewahrung der konvertierten Datei? Hintergrund: Der Kunde erwartet oftmals ein spezifisches Format, welches von den Dienstleistern auf Basis der vom Lieferanten übersandten Daten erstellt wird. Aufbewahrungspflichtiges Format ist i.d.R. die Datei vom Dienstleister zum Kunden und nicht die vom Lieferanten zum Anbieter. Ggf. sind Vertragsspezifika zu beachten.
- Findet ein paralleler Versand von EDI und PDF/E-Mail statt? Falls ja, dann Sicherstellung, dass Pflichtangaben gem. § 14 Abs. 4 UStG in beiden Exemplaren inhaltlich identisch sind – ansonsten Risiko gem. § 14c UStG. Außerdem Klärung, welches Dokument das „Original“ ist.
- Wie können die EDI-Daten lesbar gemacht werden, sodass sie von einem sachverständigen Dritten inhaltlich interpretierbar sind (z.B. installierter EDI-Viewer)?

Sonderfall Gutschriftverfahren

Bei einem Gutschriftverfahren im hier beschriebenen Sinne handelt es sich nicht um eine kaufmännische Rechnungskorrektur oder anderweitige Vergütung an den Kunden, sondern um die Erstellung einer Gutschrift durch den Kunden anstelle des Rechnungsversands durch den Lieferanten. Der Charakter dieses Verfahrens entspricht aus Lieferantensicht eher dem einer Erfassung von Eingangsrechnungen, da stets eine Gutschriftkontrolle durchgeführt werden muss. Folgende Punkte sind zu beschreiben:

- Mit welchen Kunden wird das Gutschriftverfahren durchgeführt und wie sind diese zu ermitteln?
- Welche Dateiformate werden für den Austausch der Gutschrift verwendet?
- Welche Dokumente werden im Vorfeld einer Gutschrift ausgetauscht und wie werden diese innerhalb des Systems ermittelt (z.B. Entnahmemeldungen aus Konsignationslagern)?
- Wie und durch wen findet die Gutschriftkontrolle statt und wie werden eventuelle Abweichungen behandelt?
- Wie erfolgt die Aufbewahrung des Gutschriftdokuments und insbesondere die Verknüpfung zum Beleg?

Zahlung

- Würdigung der innerhalb des Verfahrens verarbeiteten Unterlagen (Aufträge = ausgehende Geschäftsbriefe, daher inhaltliche Wiedergabe notwendig, aber keine bildliche; kein Buchungsbeleg).
- Ab wann werden Einzelwertberichtigungen vorgenommen?

4.2 Beschaffungsprozess (P2P)

4.2.1 Allgemeines

Die systemseitige Abbildung des Beschaffungsprozesses ist bei produzierenden Unternehmen in der Regel komplexer als die des Vertriebsprozesses, da die Buchungsbelege außer Haus generiert werden und stets eine interne Kontrolle hinsichtlich deren Ordnungsmäßigkeit (u.a. eine Rechnungseingangsprüfung) durchzuführen ist.

Anders als bei der Faktura, bei der zunächst ein zentrales System die Lieferscheine sowie Rechnungen generiert und diese ggf. auf unterschiedlichen Wegen zu den Kunden bringt, müssen beim Rechnungseingang zunächst alle infrage kommenden Kanäle abgefragt werden, um danach möglichst zügig zu einer zentralen, weitgehend formatunabhängigen Weiterverarbeitung zu gelangen.

Ein wichtiger Schritt bei der Digitalisierung des Beschaffungsprozesses führt über die elektronische Verarbeitung von Eingangsrechnungen. Ein Grund dafür ist, dass dieser in den meisten Fällen nicht optional ist, da bereits zahlreiche Lieferanten ausschließlich elektronische Rechnungen per E-Mail versenden oder zum Download bereitstellen. Eine Papierform existiert bei diesen Lieferanten ggf. nicht mehr und man ist gezwungen, sich über den Umgang mit den elektronischen Dokumenten Gedanken zu machen. Der Ausdruck von elektronischen Dokumenten und die ausschließliche Aufbewahrung in Papierform ist unzulässig.[51]

Papierdokumente sind deshalb jedoch nicht obsolet, sondern gelangen nach wie vor durch andere Lieferanten ins Unternehmen. Werden keine zusätzlichen Maßnahmen ergriffen, erfolgt die Aufbewahrung von Eingangsrechnungen folglich auf zwei unterschiedlichen Medien: auf Papier und elektronisch. Naturgemäß besteht das Bestreben zur Vereinheitlichung der Aufbewahrung und da die Papierform für elektronische Dokumente nicht erlaubt ist, bleibt nur die elektronische Aufbewahrung und somit der Scan bzw. die Fotografie von Papierdokumenten (siehe hierzu Kapitel 4.2.2. Bildliche Erfassung von Papierdokumenten).

Das vorliegende Kapitel gibt einige Hinweise zur Implementierung der entsprechenden Prozesse sowie der benötigten Werkzeuge. Es soll auch Hilfestellung bei der Durchführung eines geeigneten Prozesses zur Systemauswahl bieten, falls noch keine Maßnahmen zur Digitalisierung des Rechnungseingangs veranlasst wurden. Die folgende Abbildung zeigt eine erste Übersicht der wesentlichen Komponenten:

[51] Vgl. GoBD Rz 119.

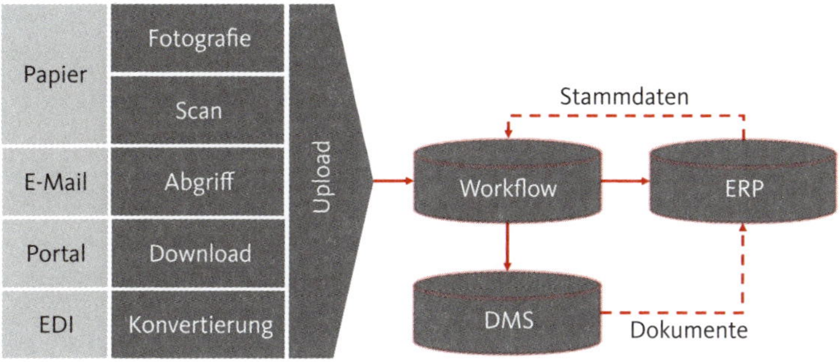

Abb. 4.2 Eingangskanäle von Dokumenten

Beim Rechnungseingang kommt eine Vielzahl von Software- und Hardwarekomponenten zum Einsatz. Zunächst ist dies das ERP-System des Unternehmens, welches oft der einzige fixe Bestandteil – ggf. in Verbindung mit einem DMS – in der Unternehmensinfrastruktur ist, also möglichst nicht geändert oder gar ausgetauscht werden sollte.

In dem hier aufgeführten Beispiel ist das zentrale System eine sog. Workflow-Komponente, die je nach Anbieter einen unterschiedlichen Funktionsumfang haben kann. Die Basisfunktionalität muss jedoch in der Zuführung zur Aufbewahrungsebene, die im Idealfall ein DMS ist, liegen.

Ferner dient das Workflow-System in der Regel der Extraktion von Informationen aus den Eingangsrechnungsdokumenten sowie der Unterstützung des Freigabeprozesses. Oft findet auch ein Übertrag von Lieferanten- und Auftragsdaten aus dem ERP-System statt, um dem Workflow-System die für die Prüfungsdurchführung notwendige Informationsbasis zur Verfügung zu stellen. Idealerweise können die in das DMS überführten Dokumente auch via Referenz (sog. DocID) direkt aus dem ERP-System ausgelesen werden, nachdem diese vom Workflow-System weitergeleitet wurde.

Es ist daher empfehlenswert, das Workflow System sowie die weiteren Komponenten hinsichtlich der Kompatibilität mit dem ERP- bzw. DMS-System auszuwählen. Ggf. sind auch deren Hersteller oder Lieferanten valide Quellen für Auskünfte bzgl. passender Software, da diese durch die Betreuung einer Vielzahl von Kunden einen gewissen Marktüberblick haben sollten. Ferner können sie Informationen über die Integrationsfähigkeit unterschiedlicher Komponenten geben oder sogar Lösungsansätze innerhalb der bereits verwendeten ERP- bzw. DMS-Software aufzeigen. Zusätzlich bietet sich noch der Einbezug von ein bis zwei Marktführern in den Auswahlprozess an, um eine möglichst objektive Entscheidung herbeiführen zu können. Eine weitere Informationsquelle können auch Anwendergruppen der eingesetzten ERP- oder DMS-Systeme sein.

Wurde eine Workflow-Komponente gefunden, so ist neben der Einbindung der Folgesysteme auch die Datenzulieferung über die eingehenden Kanäle zu koordinieren. Ein wichtiges Ziel sollte sein, so schnell wie möglich eine einheitliche Verarbeitung der unterschiedlichen Eingangsformate zu erreichen. Um dies zu gewährleisten, muss jedoch zunächst für jeden Eingangskanal ein Konvertierungsmechanismus implementiert werden. Üblicherweise sind hierfür unterschiedliche Softwareprodukte erforderlich, die im Anschluss an die Konvertierung auch den Upload in das Workflow-System anstoßen müssen:

- für die Fotografie wäre dies bspw. eine App auf einem Mobiltelefon,
- für den Scan ein lokaler Capture Client,
- für E-Mails entweder ein Plugin im E-Mail-Client, welches eine Anbindung zum DMS ermöglicht oder ein sog. Crawler, der sämtliche E-Mails in einem Postfach extrahiert,
- für EDI-Daten-Schnittstellenprogramme zur Transformierung und Weiterleitung der Daten,
- für Dateien aus einem Rechnungsportal gilt das Gleiche wie für sämtliche weiteren elektronischen Dokumente, die vom Dateiensystem in das Workflow-System gelangen sollen.

Es ist also zu erkennen, dass für den Umgang mit zu archivierenden Eingangsrechnungen und anderen Dokumenten keinesfalls nur ein Werkzeug notwendig ist, sondern viele verschiedene. Oftmals bieten auch Hersteller von Workflow Engines entsprechende Produkte aus dem eigenen Haus oder aus Kooperationen mit anderen Herstellern an. Die verschiedenen Eingangskanäle werden im Folgenden näher betrachtet.

Eine Technologie, welche die Qualität des Erfassungsverfahrens wesentlich verbessern kann, ist die sog. Optical Character Recognition (OCR). Hierbei geht es um die Umwandlung von Bildinformationen in Text und somit die automatisierte Nutzung der textuellen Inhalte. Implizit findet hierbei auch eine Kontrolle hinsichtlich der Lesbarkeit von PDF- und bildlich erfassten Papierrechnungen statt.

4.2.2 Bildliche Erfassung von Papierdokumenten

Papier spielt in den GoBD eine große Rolle. Das Wort wird 38-mal erwähnt – in erster Linie jedoch, um den Vergleich der Handhabung zwischen einem Papierdokument und einer elektronischen Unterlage zu verdeutlichten. Wie oben bereits erwähnt, sollte die Überführung von Papierdokumenten in die elektronische Form eine hohe Priorität bei den Digitalisierungsbestrebungen eines Unternehmens haben, allein schon um eine homogene Aufbewahrungsstruktur zu erlangen.

In der GoBD-Version von 2014 wurde die elektronische Erfassung von Papierdokumenten noch auf den Scan beschränkt. Im Jahr 2019 erfolgte dann die Erweiterung um die Fotografie mittels Smartphones oder anderen Geräten. Eine echte Erleichterung stellt hierbei der Verzicht auf die Stellung eines Antrags auf Buchführungsverlagerung gem. § 146 Abs. 2a AO dar, wenn die „Belege im Ausland entstanden sind bzw. empfangen wurden und dort direkt erfasst werden“[52]. Dies war mit der vorherigen Version der GoBD nicht gegeben, sodass theoretisch ein Antrag hätte gestellt werden müssen, wenn Mitarbeiter bei einer Reise im Ausland ihre Belege dort scannen/fotografieren, selbst wenn sich die gesamte übrige IT-Infrastruktur im Inland befindet.

Diese implizite Genehmigung gilt jedoch nicht, wenn die Belege zur elektronischen Erfassung, bspw. im Rahmen eines Outsourcing-Vertrags, ins Ausland verbracht werden. Hier ist nach wie vor ein Antrag nach § 146 Abs. 2a AO zu stellen.[53]

Anders als bei der Fotografie via Smartphone gibt es beim Scannen viele unterschiedliche Erfassungsvarianten, die in Bezug auf Software und Hardware stark differieren können. Zunächst liegt es nahe, die Scanfunktionalitäten eines bereits im Einsatz befindlichen Multifunktionsgeräts zu nutzen, welches in der Regel auch von mehreren weiteren Personen vornehmlich zum Drucken verwendet wird. Bei vereinzelt durchzuführenden Scans ist dies ein eventuell sinnvoller Ansatz. Je mehr Scans jedoch getätigt werden, desto stärker tritt das Problem zu

52 Vgl. Rz. 130 sowie Rz. 136 Abs. 3 GoBD.
53 Vgl. Rz. 136 Abs. 4 GoBD.

Tage, dass die elektronischen Dokumente vom Multifunktionsgerät entweder per E-Mail an einen bestimmten Empfänger gesandt oder direkt in einem Netzlaufwerk abgelegt werden müssen und somit nicht unmittelbar am Gerät kontrolliert werden können. Eine Kontrolle ist nur am Arbeitsplatz möglich und falls diese nicht erfolgreich sein sollte, muss man sich erneut zum Multifunktionsgerät begeben, um erneut den Scan mit geänderten Parametern zu wiederholen. Hinzu kommt, dass auf den Arbeitsplatzrechnern oft keine adäquate Software installiert ist, die es bspw. ermöglicht, Seiten effizient zusammenzufügen oder ggf. auch leere Seiten zu löschen.

Eine weitaus praktikablere Variante, wenn systematisch eine Vielzahl von Dokumenten gescannt werden soll, sind direkt mit dem Arbeitsplatz verbundene und mit einer entsprechenden Software ausgestattete lokale Scangeräte, die in der Regel auch nur scannen können. Diese Hardware gibt es in zwei Varianten: Als Einzugscanner, mit dem Dokumente i.d.R. stapelweise erfasst werden können oder als Flachbettvariante, bei dem jedes Dokument einzeln eingelegt werden muss. Letztere hat den Vorteil, dass bei kleineren Formaten wie Taxi- oder Tankquittungen kein Papierstau entsteht. Die Scannerauswahl sollte also anhand des konkreten Einsatzbereichs vollzogen werden.

Praxistipp:
Wer in Erwägung zieht, seine gesamte Eingangspost zu scannen, d.h. elektronisch zu erfassen, sollte auf den Einsatz von zentralen Multifunktionsgeräten verzichten und stattdessen die Anschaffung von Arbeitsplatzscannern in Erwägung ziehen. Die Geräte sind inklusive Software oft für einen mittleren dreistelligen Eurobetrag zu erwerben.

Bei sehr umfangreichen Scanaktivitäten kann es sich anbieten, diese zu zentralisieren.

Unternehmen, die regelmäßig große Dokumentenmengen zu scannen haben, verfolgen oft eine Zentralisierungsstrategie, indem eigens hierfür geschultes Personal oder auch externe Mitarbeiter für das gesamte Unternehmen als Scandienstleister fungieren. Letztlich sind diese unmittelbar an der Poststelle angeschlossen und verteilen anstelle der

Papierdokumente lediglich die digitale Variante. Diese Unternehmen verfolgen in der Regel das Ziel, vollständig papierlos zu agieren und wollen daher auch die Geschäftspartner dazu bringen, kein Papier mehr zu versenden, sondern ausschließlich elektronische Varianten von Lieferscheinen und Rechnungen. Es ist zu beobachten, dass in diesem Fall oft bewusst ein Anreiz für die Lieferanten zur elektronischen Übermittlung gesetzt wird, indem die Kommunikation darauf ausgerichtet ist, dass im Fall eines Papierversands eine verzögerte Bearbeitung erfolgt, also bspw. nur einmal wöchentlich gescannt wird und dementsprechend auch mit einer verzögerten Zahlung zu rechnen ist.

Grundsätze zur Erfassung

Beim Scan bzw. der Fotografie gibt es einige Grundsätze zu beachten, die in den GoBD aufgeführt sind. Dies betrifft zunächst die Frage, ob ein Scan in Farbe notwendig ist. Ein Farbscan benötigt im Vergleich zur monochromen Variante deutlich mehr Speicherplatz. Befindet sich das elektronische Archiv in einer Cloud-Umgebung, bei welcher der Preis nach benötigtem Speicherplatz berechnet wird, kann die Farbvariante kostenintensiv werden. Zwischen der monochromen und der farbigen Variante gibt es noch die Möglichkeit, in Graustufen zu scannen.

Letztlich ist jedoch das Bestreben der meisten Steuerpflichtigen, die aus dem Scan bzw. der Fotografie entstehenden elektronischen Dokumente in Bezug auf den benötigten Speicherplatz möglichst klein zu halten. Neben der Kostenfrage ist dies auch für die allgemeine Verarbeitungsgeschwindigkeit von Bedeutung.

Grundsätzlich gestatten die GoBD auch eine monochrome Erfassung. Eine vollständige Farbwiedergabe ist erforderlich, wenn der Farbe Beweisfunktion zukommt. Als Beispiel werden Minusbeträge in roter Schrift angeführt.[54] Diese Anforderung und auch das Beispiel wurden dem IDW RS FAIT 1 entnommen und finden sich ebenso in nahezu jedem AO-Kommentar wieder. Dennoch ist die fallweise Beurteilung der zu erfassenden Dokumente hinsichtlich der Beweisfunktion von farblichen Elementen wohl nicht praxistauglich, da es dem scannenden Mitarbeiter höchstwahrscheinlich an der erforderlichen Beurteilungskraft mangeln wird.

[54] Vgl. Rz. 137 GoBD.

In der Praxis hat sich daher die Vorgehensweise durchgesetzt, dass zunächst platzsparend (z.B. monochrom mit 150 dpi) gescannt wird, und nur dann eine höhere Auflösung bzw. eine Farbgebung gewählt wird, wenn Inhalte in der darauffolgenden Kontrolle nicht lesbar sein sollten. Dies setzt natürlich voraus, dass die Scans auch tatsächlich einzeln kontrolliert werden, was jedoch unbedingt empfehlenswert ist. Eine mangelhafte Lesbarkeit insbesondere bei kleinen oder hellen Schriften, ggf. noch zusätzlich auf farbigem Hintergrund, gehört mit zu den am häufigsten auftretenden Defiziten beim Scan. In Einzelfällen kann es sogar soweit kommen, dass ein Papierdokument vor dem Scan kopiert werden muss, da nur durch die Kopie die notwendigen Kontraste erreicht werden. Ist dies der Fall oder ist generell ein Scan mit den Standardeinstellungen nicht erfolgreich, lohnt ggf. auch ein Hinweis an den Verfasser bzw. Aussteller des Papierdokuments, das Layout „scanfreundlicher" zu gestalten. Handelt es sich hier um einen Lieferanten sollten schließlich noch weitere seiner Kunden das gleiche Problem haben.

Des Weiteren ist zu beurteilen, ob direkt nach dem Erhalt des Papierdokuments gescannt wird (sog. früher Scan) oder erst wenn bereits Verarbeitungsvermerke angebracht wurden (sog. später Scan). Diese Entscheidung hängt maßgeblich von den weiteren Verarbeitungsmöglichkeiten des elektronischen Dokuments ab. Ist bspw. eine Workflow-Komponente vorhanden, welche die weitere Verarbeitung hinsichtlich Kontierung und Freigabe unterstützt, so ist der frühe Scan zu empfehlen. Besteht diese Möglichkeit nicht, sodass nach dem Scan lediglich die elektronische Aufbewahrung folgt, könnte es hingegen ratsam sein, zunächst die Vermerke anzubringen und dann zu scannen. In jedem Fall ist das einmal elektronisch erfasste Papieroriginal dem weiteren Verarbeitungsvorgang zu entziehen.[55] Falls dennoch nach der Erfassung Anmerkungen am Papierbeleg angebracht werden, wäre dieser nochmals zu scannen und es ist ein Bezug zur ersten elektronischen Fassung des Dokuments herzustellen.

Beim späten Scan sollten zwei weitere Überlegungen angestellt werden:

- Auch originär elektronische Dokumente müssen verarbeitet werden – und zwar vornehmlich elektronisch. Ein Ausdruck, bspw. von PDF-Dateien, die per E-Mail ins Unternehmen gelangen, ist zwar er-

[55] Vgl. Rz. 130 GoBD.

laubt, allerdings muss neben der Papiervariante zwingend die elektronische Version aufbewahrt werden. Man verdoppelt also den Archivierungsaufwand, wenn man eingehende PDFs ausdruckt.

- Die reine Digitalisierung von Papierdokumenten kann nur ein erster Schritt sein. Selbstverständlich muss sich das Unternehmen Gedanken über die dann folgende elektronische Weiterverarbeitung machen. Nur so kann das volle Potenzial aus den Digitalisierungsbestrebungen geschöpft werden.

Bei der bildlichen Erfassung von Papierdokumenten ist eine elektronische Signatur oder ein Zeitstempel nicht erforderlich.[56]

> i
>
> **Hinweis:**
> Eine originär elektronische Datei auszudrucken, deutet immer auf einen suboptimalen Prozess hin, der vermieden werden sollte. Diese ausgedruckte Datei danach wieder zu scannen, um sie ggf. mit Anmerkungen wieder der elektronischen Ebene zuzuführen, ist definitiv ein schlechter Prozess, den es zu ändern gilt.

Dokumentation

Die Rz. 136 konstatiert in Bezug auf die Umwandlung von Papierdokumenten in elektronische Dokumente eindeutig, dass das Verfahren dokumentiert sein muss. In Satz 2 dieser Randziffer wird empfohlen, dass der Steuerpflichtige eine „Organisationsanweisung“ erstellt, die u.a. regelt:

- wer erfassen darf,
- zu welchem Zeitpunkt erfasst wird oder erfasst werden soll (z.B. beim Posteingang, während oder nach Abschluss der Vorgangsbearbeitung),
- welches Schriftgut erfasst wird,
- ob eine bildliche oder inhaltliche Übereinstimmung mit dem Original erforderlich ist,
- wie die Qualitätskontrolle auf Lesbarkeit und Vollständigkeit sowie
- wie die Protokollierung von Fehlern zu erfolgen hat.

56 Vgl. Rz. 138 GoBD.

In der Tat ist es bezüglich der bildlichen Erfassung von Papierdokumenten nicht sonderlich sinnvoll, die einzelnen Schritte dezidiert in einer System- und Verfahrensdokumentation festzuhalten, da es für die scannende Person nicht praktikabel ist, eine Dokumentation mit wesentlich mehr Inhalten zu konsultieren, als für den reinen Scan notwendig ist. Eine Variante, die mehr Praxisbezug aufweist, ist die exakte Verankerung der konformen Vorgehensweise in einer Verfahrensanweisung oder ggf. auch in einer Reisekostenrichtlinie. Eine solche Anweisung stellt eine vorgelagerte Kontrolle dar, da sie für den erfassenden Mitarbeiter unter Sanktionsvorbehalt verbindlich einzuhalten ist. Ein Beispiel für eine solche Anweisung, die neben den geforderten Inhalten auch viele weitere beinhaltet, ist der Anlage I zu entnehmen.

Durch diese Verfahrens- bzw. Organisationsanweisung wird eine Verfahrensdokumentation nicht obsolet, sie kann nur deutlich komprimierter ausfallen, da die wesentlichen Kontrollen in der Anweisung festgehalten werden. In eine ähnliche Kategorie fällt auch die materiell rechtliche Kontrolle von Eingangsrechnungen, bei der bspw. überprüft wird, ob alle umsatzsteuerlichen Pflichtangaben gem. §§ 14 Abs. 4, 14a und 33 UStDV enthalten sind.

Vernichtung der Papierdokumente

Aufgrund der bereits in Kapitel 2.2.9 behandelten „Verbindlichkeit“ und gem. Rz. 140 GoBD können elektronisch erfasste Papierdokumente vernichtet werden, wenn sie nicht nach (außer-)steuerlichen Vorschriften aufzubewahren sind. Beispiele hierfür können sein:

- Jahresabschlüsse und Eröffnungsbilanzen,
- Unterlagen nach Artikel 15 Absatz 1 und Artikel 163 des Zollkodex der Europäischen Union,
- förderungsfähige Eingangsrechnungen
- Eingangsrechnungen mit ausländischer Umsatzsteuer, die im Original im Rahmen des Vorsteuervergütungsverfahrens einzureichen sind,
- unterschriebene Verträge, bei denen die Beweiskraft der elektronischen Version infrage gestellt wird,
- Spendenbescheinigung,
- Bürgschaften oder
- Wechsel.

Im Vorfeld der Vernichtung ist es empfehlenswert, die Qualität der elektronisch erfassten Papierdokumente nach dem Vier-Augen-Prinzip zu kontrollieren. Geschieht dies nicht unmittelbar im Nachgang zum Erfassungsvorgang, könnten ggf. Stichproben gezogen werden (bspw. jeweils eine Rechnung von fünf verschiedenen Lieferanten pro Monat).

Hinsichtlich der Fotografie von Papierdokumenten ist anzumerken, dass im Vergleich zum Scan andere Fehlerquellen wie z.B. eine Unter- oder Überbelichtung, Unschärfen oder unvollständige Erfassungen von Seiten bestehen. Diese sind ebenfalls der Anlage I zu entnehmen. Fotografiert wird in der Regel im Kontext von Reisekosten und somit dezentral vom Reisenden. Die erfassten Belege werden mittels einer App, die ggf. vom Anbieter des Reisekostenportals zur Verfügung gestellt wird, auf einen zentralen Server geladen und dort weiterverarbeitet.

In der Praxis besteht oft ein Störgefühl, wenn die originalen Papierbelege beim Erfasser verbleiben – insbesondere nicht personalisierte Barbelege wie z.B. Bewirtungs- und Taxibelege. Es schwingt die Befürchtung mit, dass die Papierbelege ein weiteres Mal als Aufwand bzw. als Werbungskosten angesetzt werden könnten. Dem sei entgegnet, dass es in der elektronischen Welt ohnehin nicht mehr „das" Original gibt und diesem Fehlverhalten auch die elektronisch erfasste Version nicht im Wege steht. Oftmals wird empfohlen, die Originalbelege trotz der abgeschlossenen Erfassung an das Unternehmen zu senden, damit dieses die Vernichtung übernehmen kann. Eine solche Forderung gilt jedoch aus Unternehmenssicht oft als „Showstopper", da die gewonnenen Vorteile, die aufgrund des Papierverzichts entstehen, wieder aufgehoben werden. Außerdem werden zusätzliche Aufwände beim Mitarbeiter verursacht, die oft nur schwer zu transportieren sind.

4.2.3 E-Mails

Ein Dateiformat, das in Bezug auf seine Verarbeitung und Aufbewahrung stets Herausforderungen mit sich bringt, sind E-Mails. E-Mails haben ihren „natürlichen Lebensraum" innerhalb von E-Mail-Servern und den korrespondierenden Client-Applikationen. Nur dort können sie ohne weitere Maßnahmen effizient gelesen, geordnet und sortiert werden. Kopiert man eine E-Mail in ein Dateisystem, so entsteht je nach verwendeter Software eine Datei mit der Endung .msg oder .eml o.Ä. Der Name der so generierten Datei ist standardmäßig der Betreff, was zu dem Problem führt, dass nicht mehr als eine E-Mail mit diesem Betreff im gleichen Datei-System-Ordner gespeichert werden kann, ohne dass sie umbenannt wird. Des Weiteren können lange Betreffzeilen und daraus resultierende Dateinamen zu einer Inkompatibilität mit den Einschränkungen des Betriebssystems hinsichtlich der Länge von Dateinamen führen, die oftmals auf 256 Zeichen beschränkt sind. Innerhalb eines Dateisystems ist auch die maschinelle Auswertbarkeit einer E-Mail eingeschränkt, das sie bspw. nicht mehr per Volltextsuche durchsucht oder gemäß Empfangsdatum sortiert werden kann.

Ein E-Mail-System hingegen ist nicht zur dauerhaften Aufbewahrung von E-Mails konzipiert und auch nur bedingt dafür geeignet. Hauptgrund dafür ist weniger ein mangelnder Schutz vor Veränderung oder Löschung, da bei E-Mail-Servern durchaus entsprechende Maßnahmen wie ein Berechtigungskonzept und Backup-Mechanismen implementiert werden können. Stattdessen fällt es eher schwer, die Gesamtheit der aufbewahrungspflichtigen E-Mails zu identifizieren, zutreffend abzulegen und nicht zuletzt eine Verknüpfung mit dem zugrundeliegenden Geschäftsvorfall im Grundbuch oder der Finanzbuchhaltung herzustellen. Mithin ist das Ordnungsmäßigkeitskriterium der Prüfbarkeit nicht erfüllt. Außerdem kann es bei einer großen Anzahl von dauerhaft zu speichernden E-Mails zu einer Überlastung des E-Mail-Servers kommen.

Es kommen mehrere Varianten in Betracht, um mit E-Mails im GoBD-Kontext umzugehen:

a. Aufbewahrungspflichtige Gruppen von E-Mails werden identifiziert und kategorisiert. Den Kategorien entsprechend werden Ordner innerhalb von Postfächern angelegt. Zudem sind Ordner oder Postfächer gem. Geschäftsjahr und Gesellschaft anzulegen. Eine Ablage sollte zukunftsgerichtet gem. schriftlicher Verfahrensanweisung für die betroffenen Abteilungen erfolgen. Aufbewahrungspflichtige E-Mails im Nachhinein zu filtern und dann abzulegen, kann schnell in einem unverhältnismäßig hohen Aufwand münden. Zudem ist darauf zu achten, dass Änderungen oder Löschungen in den Ablageordnern nicht oder nur unter Einhaltung eines Vier-Augen-Prinzips möglich sind. Aufgrund der o.g. fehlenden Indizierung kommt diese Vorgehensweise nur für Fälle in Betracht, bei denen verhältnismäßig wenige E-Mails archiviert werden müssen und somit eine unmittelbare Auffindbarkeit weiterhin gewährleistet wird. Diese „fehlende Indizierung“ ist in den GoBD für solche Fälle explizit erlaubt.[57]

b. Eine E-Mail ist selbst nicht aufbewahrungspflichtig, wenn sie als reines Transportmittel für den Anhang fungiert. In diesem Fall ist nur der Anhang aufbewahrungspflichtig.[58] Es lohnt sich daher eine Analyse, bei welchen E-Mails tatsächlich der E-Mail-Body aufbewahrungspflichtige Informationen beinhaltet. Dies sollte in der Praxis eher selten der Fall sein, sodass tatsächlich nur der Anhang aufbewahrt werden muss. Dies kann dann analog zu übrigen elektronischen Daten erfolgen.

c. Oftmals werden Anhänge von E-Mails in verschlüsselter Form übertragen. Hier ist zu beachten, dass bei einer Aufbewahrung dieser Anhänge nach mehreren Jahren wohl niemandem im Unternehmen mehr das Passwort geläufig sein dürfte, die Datei kann daher nicht geöffnet werden, ist unbrauchbar und gilt als nicht aufbewahrt. Nicht umsonst fordern die GoBD in der Rz. 134 die Aufbewahrung in entschlüsselter Form. Hier sind ggf. Diskrepanzen zu Anforderungen des Datenschutzes zu beachten. Letztlich spricht auch diese Anforderung dafür, lediglich die Anhänge (in entschlüsselter Form) aufzubewahren und nicht die E-Mail als Ganzes.

d. Der Königsweg zur Archivierung von E-Mails dürfte wiederum der Einsatz eines DMS sein. Der Transport kann im Grunde auf zwei Arten erfolgen: Entweder der E-Mail-Client wird mit einer Erweiterung ausgestattet, über die der manuelle Transport mit Klick auf eine Schaltfläche in das DMS angestoßen wird oder es kommen sog. Crawler zum Einsatz, die komplette Postfächer oder Unterordner abgreifen und zur Weiterverarbeitung in das DMS oder ein Workflow-System transportieren. Je nach Lösung werden dann die E-Mails im DMS in unterschiedlicher Weise vorgehalten. Regelmäßig erfolgt eine Konvertierung vom E-Mail-Body in ein Bildformat zur Ad-hoc-Anzeige innerhalb des DMS. Die vollständige E-Mail ist dann im Anhang als msg- oder eml-Format enthalten und kann so mittels E-Mail-Client geöffnet werden. Bei manchen DMS-Produkten werden auch die An-

[57] Vgl. Rz. 122 GoBD, letzter Satz.
[58] Vgl. Rz. 121 GoBD.

hänge aus der E-Mail herauskopiert und ein weiteres Mal abgespeichert, damit sie unmittelbar aus dem DMS heraus geöffnet werden können. Ein weiters Feature von manchen Programmen ist die Visualisierung von gängigen Anhangsformaten gemeinsam mit dem E-Mail-Body.

Hinweis:
Die GoBD stellen an vielen Stellen so hohe Anforderungen an Prüfbarkeit und Unveränderbarkeit, dass der Einsatz eines DMS quasi unerlässlich ist, um einen gewissen Konformitätsgrad zu erreichen. Ohne Einsatz eines DMS ist die dauerhafte Aufbewahrung zwar u.U. auch möglich, die Kriterien werden in den meisten Fällen jedoch nur durch „Work-Arounds" erfüllt.

4.2.4 Datenkonvertierung und Aufbewahrungspflichten

Es wurde bereits des Öfteren ausgeführt, dass originär elektronische Unterlagen auch elektronisch aufzubewahren sind. Allerdings finden innerhalb des Unternehmens auch Datenkonvertierungen statt, welche die Frage aufwerfen, welche Dateiversion nun aufzubewahren ist. Hier gilt der Grundsatz, dass dies in der Ursprungsform zu erfolgen hat.[59] Findet eine Umwandlung der Dateien statt, sind grundsätzlich auch beide Versionen aufzubewahren.[60] Ausnahmen werden nur unter den folgenden Voraussetzungen gestattet, d.h., in diesen Fällen wäre lediglich die konvertierte Version aufzubewahren:

- Es wird keine bildliche oder inhaltliche Veränderung vorgenommen.
- Bei der Konvertierung gehen keine sonstigen aufbewahrungspflichtigen Informationen verloren.
- Die ordnungsgemäße und verlustfreie Konvertierung wird dokumentiert (Verfahrensdokumentation).
- Die maschinelle Auswertbarkeit und der Datenzugriff durch die Finanzbehörde werden nicht eingeschränkt; dabei ist es zulässig, wenn bei der Konvertierung Zwischenaggregationsstufen nicht gespeichert, aber in der Verfahrensdokumentation so dargestellt werden, dass die retrograde und progressive Prüfbarkeit sichergestellt ist.

[59] Vgl. Rz. 119 GoBD.
[60] Vgl. Rz. 150 GoBD.

Im Grunde kommen hierfür nur Konvertierungen von einem Bildformat in ein anderes Bildformat in Betracht (bspw. eine Umwandlung von .jpg zu .tif). Andere Umwandlungen, wie sie bspw. bei Schnittstellendaten oder EDI-Rechnungen vorkommen, ziehen stets eine inhaltliche Veränderung mit sich – ansonsten müssten sie schließlich nicht konvertiert werden. Gerade der letzte Punkt der vorgenannten Voraussetzungen verbietet Umwandlungen, wenn die maschinelle Auswertbarkeit verschlechtert wird. Dies wäre bspw. bei einer Umwandlung von Tabellenkalkulationsdateien in PDF-Dateien der Fall, da innerhalb der PDF-Dateien keine Formeln oder sonstige Bezüge mehr erkennbar sind. Des Weiteren ist zu beachten, dass innerhalb unterschiedlicher PDF-Dateien zwischen Bildversionen und Textversionen zu unterscheiden ist. Bei reinen bildhaften PDFs kann kein Text markiert oder gesucht werden. Daher ist eine Umwandlung einer textbasierten PDF-Datei in ein Bild-PDF unzulässig. Andererseits ist bei der Umwandlung eines Bild-PDFs in ein originäres Bildformat wie bspw. .jpg kein Verlust der maschinellen Auswertbarkeit erkennbar. Dies wäre somit zulässig, sofern beide Versionen bildlich übereinstimmen.

4.3 Betrieb von Registrierkassen

Eine Systemkategorie, die von Prüferseite oft in Generalverdacht genommen wird, sind elektronische Registrierkassensysteme. Aufgrund der potenziellen Nähe zu Bargeld und der damit einhergehenden Einfachheit, dessen Vereinnahmung eben nicht zu erfassen, ist es natürlich nicht von der Hand zu weisen, dass ein gewisser Betrugsanreiz bei der Verwendung besteht.

Gleichzeitig fielen in der Vergangenheit immer wieder Systemhersteller auf, welche die Kassen mit Möglichkeiten ausstatteten, die Umsätze vorsätzlich und ohne Kenntlichmachung zu ändern.[61] Doch auch wenn so eine Möglichkeit nicht besteht oder ungenutzt bleibt, gibt es eine Reihe weiterer Möglichkeiten der Umsatzmanipulation wie z.B.

- Verwendung von Zwischenrechnungen, deren Artikel nach Zahlung storniert oder transferiert werden können;
- Stornierungen nach Geschäftsschluss oder vor Geschäftseröffnung;

[61] Vgl. z.B. https://www.zeit.de/2014/09/steuerhinterziehung-gastronomie/seite-3 (zuletzt abgerufen am 03.06.2020).

- Verwendung von Training-Logins, die zur Anlernung von Bedienern dienen und die zu keiner Umsatzaufzeichnung führen;
- Erfassung von nichtzutreffenden Außer-Haus-Lieferungen (7 % anstelle 19 % Umsatzsteuer auf die meisten Speisen);
- Verwendung von externen, nicht durch den Hersteller entwickelten Mogelprogrammen, die über einen angeschlossenen USB-Stick die Umsätze manipulieren können.
- …

Die einfachste Form, getätigte Umsätze nicht zu erfassen, ist, diese schlicht nicht in die Kasse einzugeben. Das ist immer dann möglich, wenn kein Beleg gewünscht wird und unmittelbarer sowie unzureichend kontrollierter Zugriff auf die Waren besteht, also der Bediener im Grunde selbst die Ware entnimmt. Bedient ein Geschäftsführer im gastronomischen Bereich selbst die Kasse, hat er zusätzlich noch die Möglichkeit, das Personal zur Warenausgabe ohne Bon anzuweisen.

Der Gesetzgeber hat mit dem am 22. Dezember 2016 veröffentlichten Kassengesetz versucht, dem entgegenzuwirken. Das Kassengesetz besteht im Wesentlichen aus einer Ergänzung der Abgabenordnung in Form der §§ 146a, 146b AO. Diese besagen Folgendes:

a. Es besteht eine Einzelaufzeichnungspflicht.[62]
b. Das Aufzeichnungssystem (Kassensystem) muss über eine vom Bundesamt für Sicherheit in der Informationstechnik (BSI) zertifizierte Sicherheitseinrichtung verfügen. Es ist verboten, Kassensystemen, die dem nicht entsprechen, in den Verkehr zu bringen.[63]
c. Es besteht ab dem 1. Januar 2020 eine Belegausgabepflicht. Der Beleg muss im unmittelbaren zeitlichen Zusammenhang mit dem Geschäftsvorfall ausgehändigt werden – entweder in Papierform oder in elektronischer Form. Der Steuerpflichtige kann von der Belegausgabepflicht auf Antrag befreit werden.[64]
d. Neuanschaffungen von Kassensystemen sind ab dem 31. Januar 2020 dem zuständigen Finanzamt mitzuteilen.[65]

62 Vgl. § 146a Abs. 1 Satz 1 AO.
63 Vgl. § 146a Abs. 1 Satz 2 AO.
64 Vgl. § 146a Abs. 2 AO.
65 Vgl. § 146a Abs. 4 AO.

e. Die Finanzbehörden können während der üblichen Geschäfts- und Arbeitszeiten ohne Vorankündigung Kassennachschauen durchführen. Es kann anlassbedingt direkt zu einer Außenprüfung nach § 193 AO übergegangen werden.[66]
f. Die aufbewahrungspflichtigen Daten sind auf einem Datenträger gemäß den Vorgaben für eine einheitliche digitale Schnittstelle zur Verfügung zu stellen.

Mit dem Schreiben vom 17. Juni 2019 hat das BMF einen Anwendungserlass[67] zum § 146a AO veröffentlicht, der die entsprechenden Vorgaben konkretisiert. Auf die Einzelheiten soll an dieser Stelle nicht weiter eingegangen werden. Es ist jedoch erwähnenswert, dass die einheitliche digitale Schnittstelle gem. des Punktes f vom Bundeszentralamt für Steuern (BZSt) in Form der „Digitalen Schnittstelle der Finanzverwaltung für Kassensysteme" (DSFinV-K) erstmalig zum 20. Dezember 2018 in Entwurfsform veröffentlicht wurde. Die letzte Aktualisierung zum Zeitpunkt der Buchverfassung erschien am 2. März 2020.[68] Letztlich definiert die DSFinV-K eine einheitliche Schnittstelle zur Datenträgerüberlassung (siehe Kapitel 5.2.2. Datenträgerüberlassung (Z3)), die alle in der Bundesrepublik Deutschland eingesetzten Kassensysteme umzusetzen haben. Hiermit wird das grundsätzliche Problem des Z3-Zugriffs aus Sicht der Finanzverwaltung gelöst, dass der Steuerpflichtige bzw. der Softwarehersteller hinsichtlich der Definition von Tabellen und Spalten in den zu überlassenen Datenextrakten frei und somit für jedes System ein eigenes Set an Prüfroutinen zu entwickeln ist. Mit der herstellerunabhängigen Schnittstelle hat die Finanzverwaltung für Kassensysteme nun die Möglichkeit, zentrale und allgemein gültige Prüfroutinen zu entwickeln, die ad hoc bei jeder Betriebsprüfung oder sogar jeder Kassennachschau valide Ergebnisse liefert. In Bezug auf die Datenträgerüberlassung und die somit gewonnene Prüfqualität kann hier durchaus von einem Meilenstein gesprochen werden. Es bleibt abzuwarten, ob eine solche Schnittstelle nicht auch für andere Systemkategorien wie bspw. eine Finanzbuchhaltung eingeführt wird.

66 Vgl. § 146b AO.
67 BMF-Schreiben vom 17. Juni 2019 GZ: IV A 4 – S 0316-a/18/10001
68 https://www.bzst.de/DE/Unternehmen/Aussenpruefungen/DigitaleSchnittstelleFinV/digitaleschnittstellefinv_node.html (zuletzt abgerufen am 03.06.2020).

Die offensichtliche Fokussierung der Finanzverwaltung auf Kassensysteme und die eingeräumte Möglichkeit der Kassennachschau zeigen die Wichtigkeit einer System- und Verfahrensdokumentation für sämtliche Unternehmen, die Registrierkassen betreiben. Die Prüfungswahrscheinlichkeit dürfte umso höher sein, je mehr Bargeschäfte mit der Kasse abgewickelt werden. Hinzu kommt, dass innerhalb der Dokumentation nicht nur auf die hier behandelten Ordnungsmäßigkeitskriterien im engeren Sinne abzustellen ist, sondern der Prüfer dahingehend zu überzeugen ist, das im Rahmen des Betriebsablaufs sämtliche Geschäftsvorfälle auch tatsächlich erfasst werden. Im Folgenden sind daher einige Fragen in Bezug auf die sachlogische Beschreibung aufgelistet, die speziell auf den gastronomischen Bereich abzielen, aber auch vom Einzelhandel in reduzierter Form adaptiert werden können. Ergänzend lohnt auch ein Blick auf die Musterverfahrensdokumentation zur ordnungsmäßigen Kassenführung des Deutschen Fachverbands für Kassen- und Abrechnungssystemtechnik e.V. (DFKA).[69] Bei Ein- oder Zwei-Personen-Betrieben werden einige Punkte wie bspw. das Vier-Augen-Prinzip wohl nicht umgesetzt werden können und sind daher nicht oder in abgewandelter Form zu dokumentieren.

Der sachlogischen Beschreibung sollte ein kurzes Organisationsporträt vorangestellt werden aus dem u.a. die Größenordnung (Anzahl Mitarbeiter, Gästekapazität, unterschiedliche Gästebereiche, ggf. jährlicher Umsatz) des Betriebs hervorgeht. Zudem sollten Öffnungs- und Ferienzeiten sowie eine kurze Beschreibung der unterschiedlichen Betriebsmodelle (Individual- oder Systemgastronomie, Hotellerie, Veranstaltungen, Catering etc.) aufgeführt werden. Schließlich ist es noch hilfreich, wesentliche Meilensteine in der Unternehmenshistorie wie z.B. Gründungsdatum, Grundsanierungen, Unternehmensnachfolgen etc. zu beschreiben.

[69] https://dfka.net/Muster-VD-Kasse/ (zuletzt abgerufen am 03.06.2020).

Hardware

- Wie viele Kassenterminals werden eingesetzt, wo sind diese positioniert und wie sind sie hinsichtlich des Einsatzes konfiguriert? Gibt es eine „Hauptkasse“, auf der alle Umsätze zentral gespeichert werden, oder sind alle Kassen gleichberechtigt, ggf. mit einer Verbindung zu einem Server?
- Wo wird der Fiskalspeicher geführt und wie erfolgt eine regelmäßige Sicherung der darauf enthaltenen Daten?
- Verfügt das Kassensystem über eine Softwarebescheinigung (z.B. nach IDW PS 880), welche die GoBD-Konformität bestätigt?

Bedienerstruktur

- Wie viele Bediener gibt es insgesamt und wie sind sie bzgl. Hierarchie und Beschäftigungsgrad strukturiert?
- Werden die Bediener hinsichtlich der Kassenbedienung beaufsichtigt und regelmäßig kontrolliert? Wie oft und in welcher Form?
- Wie erfolgt der Login in die Kasse (Magnetschlüssel, PIN, Karte etc.)?
- Wie viele Personen bedienen während einer Schicht gleichzeitig die Kasse? Hat jeder Bediener ein eigenes Login oder wird sich ein Login geteilt?
- Hat jeder Bediener seinen eigenen Geldbeutel oder wird das Bargeld zentral vereinnahmt?

Schichtwechsel und Tagesabschlüsse

- Wie erfolgt die Schichtübergabe, falls an einem Tag unterschiedliche Bediener in zwei oder mehr Schichten arbeiten? Hier ist auch anzugeben, welche Form der Kassenabschläge (sog. X- oder Z-Abschläge) verwendet werden, wie die Abrechnungsprotokolle gestaltet sind und wie mit aufgedeckten Differenzen umgegangen wird.
- Wie und wann erfolgt der Tagesabschluss (Z-Abschlag)?
- Werden die Abschläge direkt an der Kasse generiert oder im Backoffice an einem zentralen Computer?
- Werden die Umsätze unmittelbar getreu der Zahlungswege (Bar, EC, Kreditkarte, Debitor) erfasst oder werden diese im Nachhinein umgegliedert? Falls Letzteres der Fall ist: wie und wann erfolgt das genau?

- Wie erfolgt die Buchung der Tagesabschlüsse in der Finanzbuchhaltung sowie der Transfer und die Aufbewahrung der relevanten Unterlagen? Ggf. auch Angabe der Kontierung.

Betriebsablauf

- Inwiefern ist die Bedienung der Kasse und die Warenausgabe getrennt?
- Bedient der Geschäftsführer selbst die Kasse, indem er bspw. Umsätze erfasst?
- Wer hat die Berechtigung, bereits getätigte Umsätze bei offenen Tischen zu stornieren oder abgeschlossene Rechnungen wieder zu eröffnen? Gibt es diesbezüglich ein Vier-Augen-Prinzip in der Form, dass ein Manager-Login notwendig ist, Stornobons vom Vorgesetzten zu unterzeichnen sind oder Ähnliches?
- Wer hat die Berechtigung, „Tische zu transferieren", also bereits getätigte Umsätze auf andere Bediener oder andere Tische zu übertragen?
- Wer hat die Berechtigung, Artikelbeschreibungen, Preise, Steuersätze sowie andere Stammdaten zu ändern und diese operativ zu setzen?
- Für welche Artikel gibt es unterschiedliche Preisebenen und wie werden diese gesteuert (bspw. Happy Hour, Rabatte, Veranstaltungspreise etc.)?
- Zu welchem Prozentsatz entstehen in der Regel Außer-Haus-Umsätze zum ermäßigten Umsatzsteuersatz und wie erfolgt konkret deren Erfassung? Wo auf der Kasse ist die „7 %-Taste" positioniert?
- Wie ist die Prozedur, falls eine oder mehrere Kassen ausfallen? Was ändert sich am Betriebsablauf und wie wird der Ausfall dokumentiert?
- Werden Gutscheine ausgestellt und wenn ja, wer hat die Berechtigung hierzu, wo werden die ausgegebenen Gutscheine katalogisiert und wie werden verfallene bzw. nicht eingelöste Gutscheine behandelt?
- Sind die Kassen „offline"-fähig, d.h., werden sie ggf. bei Caterings eingesetzt und danach wieder ans Netz angeschlossen, um die Umsätze zu synchronisieren?
- Gibt es Veranstaltungen (z.B. Hochzeiten, Firmenfeiern), bei denen die Umsätze nicht unmittelbar oder gar nicht in der Kasse erfasst werden (bspw. weil alternativ Strichlisten geführt werden und eine manuelle Rechnung gestellt wird)? Wie erfolgen in solchen Fällen die Abrechnung und die Buchung?

Sollte es eine verbindliche, unternehmensindividuelle Kassiereranweisung geben, ggf. auch in Hinblick auf die Kassennachschau, so ist diese als Anhang zu hinterlegen. Auch für Kassensysteme ist es ratsam, einen Systemsteckbrief gem. Anlage II anzufertigen, um die technischen Parameter strukturiert zu erfassen. Des Wweiteren sollten im Rahmen des Systemsteckbriefs unbedingt die folgenden Unterlagen als Anhang zur Verfügung gestellt werden:

- Einrichtungsprotokoll, aus dem die exakte Version der Software, das Kassenmodell und die wesentlichen Parameter in Bezug auf die Bediener und die Artikel zu erkennen sind (i.d.R. vom Kassendienstleister erhältlich).
- Ein Benutzerhandbuch, aus dem auch hervorgeht, wie Stammdaten verwaltet werden.
- Eine Historie, welche Hard- und Softwareversionen in welchen Zeiträumen im Einsatz waren.
- Falls vorhanden, Software- und Hardwarebescheinigungen bzw. Testate.
- IT-Sicherheitskonzept, dass neben den Fiskaldaten die gesamte IT-Infrastruktur, deren Sicherung und im Notfall deren Wiederherstellung beschreibt.

5 Datenzugriff der Finanzverwaltung

5.1 Aufbewahrungspflichtige Unterlagen

Die gute Nachricht zuerst: Es gibt keine „steuerlich relevanten" Unterlagen mehr. Dieser Begriff wurde aus den GoBD verbannt. Die schlechte Nachricht: Stattdessen ist nun kurz und bündig von „gemäß außersteuerlichen und steuerlichen Rechtsnormen aufzeichnungs- und aufbewahrungspflichtigen Unterlagen und der zu ihrem Verständnis erforderlichen Unterlagen" die Rede (siehe Rz. 6 der GoBD). Wir bitten um Verständnis, dass in den Ausführungen dieses Buches der Begriff „aufbewahrungspflichtige Unterlagen" bzw. „aufbewahrungspflichtige Daten" verwendet wird, um den Rahmen nicht zu sprengen.

Im Wesentlichen richtet sich die Aufbewahrungspflicht nach § 147 Abs. 1 AO und den dort aufgeführten Nummern 1–5. Geordnet aufzubewahren sind demnach:

1. Bücher und Aufzeichnungen, Inventare, Jahresabschlüsse, Lageberichte, die Eröffnungsbilanz sowie die zu ihrem Verständnis erforderlichen Arbeitsanweisungen und sonstigen Organisationsunterlagen,
2. die empfangenen Handels- oder Geschäftsbriefe,
3. Wiedergaben der abgesandten Handels- oder Geschäftsbriefe,
4. Buchungsbelege,
   4a. Unterlagen nach Artikel 15 Absatz 1 und Artikel 163 des Zollkodex der Europäischen Union,
5. sonstige Unterlagen, soweit sie für die Besteuerung von Bedeutung sind.

Die Aufbewahrungsfristen betragen für die Ziffern 2, 3 und 5 jeweils 6 Jahre, für alle übrigen Unterlagen 10 Jahre. Die Frist beginnt mit Schluss des Kalenderjahres, indem die letzte Eintragung in die Bücher getätigt wurde.[70] Da dies in aller Regel im Jahr nach dem Veranlagungszeitraum der Fall ist, beträgt die Aufbewahrungsfrist de facto bis zu 7 bzw. 11 Jahre und sie kann sich sogar noch verlängern, falls Hemmnisse aufgrund einer laufenden Betriebsprüfung oder eines Steuerstrafverfahrens bestehen.

[70] Vgl. § 147 Abs. 4 AO.

Anstatt sich bei jeder Beurteilung von Datenbeständen mit den einzelnen Ziffern des § 147 Abs. 1 AO auseinanderzusetzen, könnte man auch verkürzt argumentieren, dass alle Unterlagen und Aufzeichnungen aufbewahrungspflichtig sind, die buchungsauslösend oder buchungsbegründend sind oder steuerliche Dokumentationsfunktion haben. Dieser Ansatz wird seit Jahren – auch bereits vor Inkrafttreten der GoBD – von unterschiedlichen Beratungshäusern vertreten und ist auch deshalb sinnvoll, weil ein Prüfer im Rahmen der progressiven und retrograden Prüfung auf keine weiteren Unterlagen treffen sollte, als diejenigen, die vom Beleg zur Bilanz bzw. Steuererklärung führen oder eben umgekehrt.

Leider gibt es immer wieder Streitigkeiten in Bezug auf die Aufbewahrungspflicht einzelner Datenkategorien. Das FG Rheinland-Pfalz hatte im Urteil vom 13. Juni 2006[71] entschieden, dass kein Zugriff auf Daten von Vor- und Nebensystemen (hier Kostenstellen) zu gewähren ist, wenn sich deren Inhalte aus der Finanzbuchhaltung ergeben. Resultieren jedoch einzelne Buchungen unmittelbar aus den Salden von Kostenstellen, sind die Einzelposten des internen Rechnungswesens für diese Kostenstellen doch wieder prüfungsrelevant. Ähnliche Fragen ergeben sich bzgl. Kalkulationen und Preisberechnungen, da diese ja nicht unmittelbar zu Buchungen führen und ggf. auch bei der tatsächlichen Faktura überschrieben werden können. Allerdings sind diese im Zusammenhang mit einer Verrechnungspreisdokumentation – sofern diese angefertigt wird – unabdingbare Voraussetzung. Eine ähnliche Diskussion könnte in Bezug auf Handelsbriefe eröffnet werden, da es fraglich ist, ob bspw. Angebote oder Bestellungen prüfungsrelevant sein können. Es kommt jedoch durchaus vor, dass ein Betriebsprüfer entsprechende Unterlagen anfordert, um bspw. zu untersuchen, ob ein angebotenes Projekt auch tatsächlich angebotsgemäß abgerechnet wurde. Es gibt also zahlreiche Unterlagen, bei denen eine Beurteilung im Einzelfall notwendig ist. Ein pragmatischer Ansatz zur Datenauswahl kann jedoch die Einschränkung auf die gem. des vorherigen Absatzes genannten Daten (buchungsauslösend, buchungsbegründend, steuerliche Dokumentationsfunktion) sein sowie weiterführende Unterlagen nach Aufforderung und vorhergehender Beurteilung auszuhändigen.

[71] Vgl. FG Rheinland-Pfalz: Urteil vom 13. Juni 2006 (1 K 1743/05).

Aufbewahrungspflichtige Daten müssen vom Unternehmen „erstqualifiziert“, d.h. bestimmt werden. Findet keine Abgrenzung zwischen aufbewahrungspflichtigen und nicht aufbewahrungspflichtigen Daten statt, hat der Außenprüfer grundsätzlich das Recht, auf Ebene eines einzelnen Systems sämtliche Daten einzusehen – und das ohne Verwertungsverbot. Hierzu gibt es zahlreiche Urteile u.a. sogar in Zusammenhang mit vertraulichen Daten.[72]

Anbieter von Systemen, die aufbewahrungspflichtige Daten führen, haben eine solche Erstqualifikation oft bereits vorgenommen, indem eine mehr- oder weniger umfangreich zu konfigurierende Schnittstelle zur Extraktion von Daten angeboten wird. In der Praxis stellt sich nun oft die Frage, ob der Steuerpflichtige mit deren Verwendung tatsächlich seiner Erstqualifizierungspflicht im ausreichenden Maße nachkommt, oder nicht eine ergänzende Beurteilung auf Basis seiner tatsächlichen Nutzung vorzunehmen hat. Entsprechende Forderungen existieren seitens mancher Finanzverwaltungen, können sich aber nach Auffassung des Autors nur auf kundenspezifische Bereiche beziehen, die individuell für den Steuerpflichtigen programmiert wurden und nicht in der Standardversion der Kernsoftware enthalten sind. Derlei Entwicklungen sind – soweit möglich – ebenso den aufbewahrungspflichtigen Daten hinzuzufügen, soweit sie denn tatsächlich aufbewahrungspflichtig sind.

Auf der anderen Seite kann dem Steuerpflichtigen wohl nicht zugemutet werden, den definierten Standard eines Systems infrage zu stellen und die zugrundeliegenden Datenbanken nach Inhalten zu durchforsten, die ggf. nicht in der Qualifikation des Herstellers enthalten, aber aufbewahrungspflichtig sind. Zum einen dürften die wenigsten Kunden tatsächlich über das technische Wissen verfügen, dies zu tun. Zum anderen wäre das auch volkswirtschaftlich sinnfrei, da sämtliche Kunden eines Herstellers identische Tätigkeiten verrichteten, die im Grunde auch zu identischen Ergebnissen führen müssten. Hier wäre es schon eher angezeigt, dass sich die Finanzverwaltungen bei ihrerseits festgestellten Defiziten – wenn möglich abgestimmt – direkt an den Hersteller wenden und dieser die Ergänzungen bei einem Systemupdate berücksichtigt.

72 Vgl. u.a. FG Nürnberg vom 30. Juli 2009 (6 K 1286/2008).

Sind die Daten einmal qualifiziert – oder auch nicht –, hat ein Prüfer im Zuge einer steuerlichen Außenprüfung die Möglichkeit, auf drei verschiedene Arten auf diese zuzugreifen. Diese, im folgenden Kapitel näher beschriebenen Zugriffsarten werden gemeinhin als Z1, Z2 und Z3 bezeichnet.

Grundsätzlich hat der Prüfer das Recht, alle Zugriffsarten kumulativ einzusetzen, wobei er dabei den Verhältnismäßigkeitsgrundsatz zu wahren hat. Dies ist insbesondere bei Vorsystemen von Bedeutung, die ggf. keine Schnittstelle zur Datenträgerüberlassung bietet, bei denen aber ein Nur-Lese-Zugriff jedoch ohne größere Aufwände eingerichtet werden kann. Hier würde bspw. der Verhältnismäßigkeitsgrundsatz gebieten, dass sich der Prüfer auf Z1 oder Z2 beschränkt. Bei zentralen Finanzbuchhaltungssystemen läuft die Argumentation jedoch regelmäßig ins Leere.

5.2 Zugriffsarten

5.2.1 Direkter und indirekter Zugriff Z1 und Z2

Beim direkten oder auch unmittelbaren Datenzugriff (Z1) meldet sich der Betriebsprüfer selbst an dem System bzw. den Systemen des Steuerpflichtigen an. Entsprechend ist eine Benutzerrolle mit einem Nur-Lese-Zugriff einzurichten, die gleichzeitig auf die von der Prüfung umfassten (aufbewahrungspflichtigen) Daten einzuschränken ist. Üblicherweise ist zumindest nach der betroffenen Gesellschaft und ggf. einzelnen Modulen einer Software abzugrenzen. Bspw. ist es in der Regel zunächst nicht notwendig, das interne Rechnungswesen eines ERP-Systems unmittelbar zur Verfügung zu stellen (s.o.).

Das wohl mit Abstand am häufigsten genannte System, für das ein Z1-Zugriff verlangt wird, ist SAP ERP®. Dies liegt wohl vor allem daran, dass hierauf die Schulungsschwerpunkte der steuerlichen Außenprüfer liegen. Zudem ist es das am weitesten verbreitete System bei Großunternehmen. SAP hat zur Umsetzung des Z1-Zugriffs eigens Musterrollen implementiert, die mit dem Namen „SAP_AUDITOR_TAX“ beginnen und modulspezifisch kopiert werden können. Innerhalb der Rolle kann der Zugriff nach Gesellschaft bzw. Buchungskreis und – was das Besondere ist – auch nach Zeiträumen eingegrenzt werden. Die Rolle kann also so konfiguriert werden, dass ein Prüfer lediglich die Jahre einsehen kann, die auch in der Prüfungsanordnung angegeben sind.

Weitere Informationen zum Datenzugriff der Finanzverwaltung auf SAP-Systeme stellt die DSAG in ihren Handlungsempfehlungen zu den GoBD zur Verfügung.[73]

Zur Ausübung des Z1-Zugriffs benötigt der steuerliche Außenprüfer einen Arbeitsplatz mit entsprechender IT-Infrastruktur – also einen Rechner, der insbesondere den Zugriff auf die betroffenen Systeme mit den dafür vorgesehenen Rollen zulässt. Zur weiteren Ausgestaltung des Arbeitsplatzes können die folgenden Empfehlungen ausgesprochen werden:

- Es sollte ein expliziter Personenkreis bestimmt werden, der zur Kommunikation mit dem Betriebsprüfer autorisiert ist. Mitarbeiter, deren Arbeitsplätze im näheren Umfeld des Betriebsprüferarbeitsplatzes angesiedelt sind, sollten informiert werden, dass ein Betriebsprüfer im Haus ist und die fachliche Kommunikation auf den autorisierten Personenkreis zu beschränken ist.
- USB-Ports und eventuell vorhandene DVD-Brennlaufwerke sind zu sperren, um zu gewährleisten, dass keine Daten ohne Wissen des Unternehmens außer Haus gelangen. Daneben ist jedoch auch zu planen, wie Daten, die ein Betriebsprüfer im Prüfungsverlauf generiert und ggf. lokal ablegt, auf einen Memorystick oder einen ähnlichen Datenträger überführt werden können. Hierzu müssen weitere Nutzer etabliert werden, welche diese erweiterten Rechte am Prüferarbeitsplatz haben.
- Der Arbeitsplatz ist mit einem Drucker auszustatten. Es sollte vermieden werden, dass ein Betriebsprüfer regelmäßig den Abteilungsdrucker aufsuchen muss, da für Informationen, die er hier erlangt, kein Verwertungsverbot besteht.
- Der Zugang zum Intranet ist nach Möglichkeit zu unterbinden. Obwohl oftmals angefordert, enthält das Intranet üblicherweise keine den Prüfungszeitraum betreffenden, aufbewahrungspflichtigen Daten und ist daher auch nicht für den Datenzugriff vorzusehen. Die Betriebsprüfer erhoffen sich durch Nutzung des Intranets u.a. Hinweise auf Firmenfeiern und Jubiläen.

73 https://www.dsag.de/sites/default/files/dsag_handlungsempfehlung_gobd_gdpdu_v4.01.pdf (zuletzt abgerufen am 03.06.2020).

Der indirekte Datenzugriff (Z2) zeichnet sich dadurch aus, dass der Betriebsprüfer Auswertungen beim Steuerpflichtigen anfragt, ohne direkt auf das System zuzugreifen. Ggf. kann es Sinn ergeben, dass auch ein Prüfungsansprechpartner des Unternehmens einen gesonderten User mit der Betriebsprüferrolle erhält, mit dem dann die prüferseitig zugewiesenen Rechte nicht unterlaufen werden können, weil der Mitarbeiter in seiner Standardrolle ggf. erweiterte Rechte besitzt.

5.2.2 Datenträgerüberlassung (Z3)

Die Datenträgerüberlassung (Z3) ist die mit Abstand am häufigsten ausgeübte bzw. angefragte Zugriffsart. Der Steuerpflichtige hat hierbei die Daten in einem maschinell auswertbaren Format auf einem Datenträger (CD, DVD oder Memorystick) zu übergeben. Der Betriebsprüfer analysiert dann diese Daten mittels der eigens dafür angeschafften Software IDEA, die im Übrigen auch auf dem freien Markt über die Firma Audicon erhältlich ist. Entwickelt wird das Programm in Kanada von der Firma Caseware. IDEA ist eine Datenanalysesoftware, mit der Daten unterschiedlicher Quellsysteme und Formate importiert, miteinander verknüpft und ausgewertet werden können. Ihren Ursprung hat die Software in der Wirtschaftsprüfung.

Die häufige Wahl der Datenträgerüberlassung als Datenzugriffsart liegt vor allem daran, dass sich diese bei DATEV-Software etabliert hat. Mit DATEV als Marktführer bei Kanzleisoftware, werden in der Bundesrepublik die meisten Jahresabschlüsse und dementsprechend auch die meisten Steuererklärungen angefertigt. Betriebsprüfer beschränken die Vor-Ort-Besuche beim Steuerberater oder dessen Mandanten häufig auf ein Minimum und lassen sich stattdessen die Unterlagen elektronisch aushändigen – darunter eben auch die Einzelaufzeichnungen der Buchführung im IDEA-konformen Format.

Ein weiterer Grund für die Vorliebe zum Z3-Zugriff ist die Fähigkeit der Finanzverwaltung, nun auch große Datenbestände mit mehreren Millionen Zeilen auszuwerten. Diese Möglichkeit war nicht immer gegeben, da früher die Analysen stets vom individuellen Außenprüfer auf dessen Prüfernotebook getätigt wurden, welches bei großen Datenmengen schnell an seine Leistungsgrenzen stieß. Mittlerweile können die Daten in den Rechenzentren der Finanzbehörden von Großrechnern aufbereitet und ausgewertet werden. Neben der reinen Rechenleistung bietet dieser Ansatz aus Sicht der Finanzverwaltung noch den Vorteil, dass die Prüfung selbst von EDV-Sachverständigen durchgeführt wird und sich der einzelne Prüfer so nicht mit technischen Besonderheiten des Imports und der Bedienung von IDEA im Allgemeinen auseinandersetzen muss.

Im Gegensatz zu Tabellenkalkulationsprogrammen, die in der steuerlichen Praxis weitreichende Verwendung finden dürften, zielt IDEA in erster Linie auf die Verarbeitung von Massendaten ab und weniger auf eine ansprechende Darstellung der Ergebnisse. Daher ergeben sich die folgenden fundamentalen Unterschiede von IDEA zu Tabellenkalkulationsprogrammen wie bspw. Microsoft Excel®:

- Die importierten Ausgangsdaten haben eine reine Tabellenstruktur mit einer eindeutigen Spaltenüberschrift (Feldname) und einheitlich strukturierten Zeilen (Datensätze). Zwischensummen, weitere Überschriften, Leerzeilen etc. sind nicht erlaubt bzw. nicht möglich.
- Die Spalten sind „typsicher" und müssen mit einem Datentyp versehen werden. So ist es beispielsweise unmöglich, alphanumerische Werte in einer Spalte zu führen, die als numerisch deklariert wurde.
- Es bestehen keinerlei optische Gestaltungsmöglichkeiten auf Ebene der Ausgangsdaten, abgesehen von der Anordnung der Spalten und der Modifikation von Schriftart und -größe.
- Eine softwareseitige Begrenzung der zu verarbeitenden Zeilen besteht nicht. Allerdings zeigen Erfahrungen aus der Praxis, dass bei Datenbeständen von mehr als 5 Millionen Zeilen, die handelsübliche Bürohardware in Hinblick auf die Analyselaufzeiten an seine Grenzen geführt wird. Sollen regelmäßig Bestände dieser Größenordnung verarbeitet werden, bietet es sich an, dies serverseitig auf einem Hochleistungsrechner zu tun.

In Bezug auf die Performance von IDEA sei angemerkt, dass die Software während der Analysen einen umfangreichen Zugriff auf die Festplatte beansprucht. Bei einer Anschaffung ist daher die Verwendung von SSD-Platten zu empfehlen. Nachdem die Daten einmal importiert wurden, können diese mit den „Grundrechenarten der Datenanalyse" weiterverarbeitet werden. Diese sind:

- Berechnung: Den Ausgangsdaten und Zwischenergebnissen können zusätzliche Spalten hinzugefügt werden, die Berechnungen enthal-

ten. Diese reichen von einfacher Subtraktion oder Addition über Datumsberechnungen (bspw. der Ermittlung des Wochentags aus einem Datumsfeld) und Textkonvertierungen bis hin zu beliebig komplexen Formeln jeder Art.
- Filterung: Die Daten können nach beliebigen Kriterien und gemäß jeder Spalte gefiltert werden.
- Aufsummierung: Die numerischen Felder können auf Basis jeder Spalte aufsummiert werden – vergleichbar mit der Pivot-Funktion in MS Excel.
- Verknüpfung: Verschiedene Dateien können über ein oder mehrere Schlüsselfelder miteinander verknüpft werden (siehe Beispiel Kontenbeschreibungen beim Thema Stammdaten in Kapitel 2.2.2. Schutz vor Verlust und Veränderung).

Es existieren noch zahlreiche weitere Elementarfunktionen wie z.B. die Lücken- und Dublettenanalyse, numerische Schichtung, Altersstrukturanalyse, Ziffernanalysemethode nach Benford und Stichprobenverfahren, die jedoch im Grunde auf den genannten Grundschritten basieren oder diese zu Hilfe nehmen. IDEA hat zwei weitere Kernfunktionalitäten, die hervorzuheben sind: die Importfähigkeit und der Einsatz von Skripts zur Prüfungsautomatisierung.

Importfähigkeit

Die Fähigkeit unterschiedliche Formate zu importieren, ist eine der „Kernkompetenzen" von IDEA. Gem. den „ergänzenden Hinweisen zur Datenträgerüberlassung" (s.o.) unterstützt IDEA die folgenden Formate:

- ASCII feste Länge
- ASCII Delimited (einschließlich kommagetrennter Werte)
- EBCDIC feste Länge
- EBCDIC-Dateien mit variabler Länge
- Excel
- Access (nur Dateien im mdb-Format; Dateien im accdb-Format werden nicht unterstützt)
- dBASE
- Lotus 123
- ASCII-Druckdateien
- Dateien von SAP/AIS

- Konvertieren von AS/400-Datensatzbeschreibungen (FDF-Dateien erstellt von PC Support/400) in RDE-Datensatzbeschreibungen

Diese Dateiformate sind jeweils mit dem Hinweis „zzgl. Informationen für Struktur und Datenelemente etc. in maschinell auswertbarer Form" versehen. Dieser verdeutlicht, dass eine bloße Übergabe von Rohdaten nicht ausreicht, sondern eine maschinell auswertbare Beschreibung hinsichtlich Format und Inhalt hinzuzufügen ist. „Maschinell auswertbar" sind wiederum die oben angegebenen Formate – darunter auch MS Excel. In der Konsequenz ist also mindestens eine Beschreibung als MS Excel-Datei den Rohdaten beizulegen. Diese könnte für die zu importierenden Tabellen bzw. Dateien den folgenden Aufbau haben:

Tabelle	Beschreibung	Verknüpfung
TXW_FI_HD	Belegköpfe	BELNR – TXW_FI_POS BELNR BLART – TXW_T003T BLART
TXW_FI_POS	Belegpositionen	HKONT – TXW_GLACC SAKNR
TXW_GLACC	Sachkontenstamm	
TXW_T003T	Belegarten	
...		

Tab. 5.1 Beispiel Datenbeschreibung Tabellen

Es ist also eine Auflistung aller enthaltenen Tabellen zu liefern, die neben dem Namen auch zwingend eine Beschreibung enthalten muss. Die Verknüpfungsinformationen sind der Finanzverwaltung für gängige Finanzbuchhaltungssysteme bekannt. Für Vorsysteme oder weniger geläufige FiBu-Daten sollten diese jedoch in jedem Fall mitgeliefert werden. Die oben aufgeführten Verknüpfungen sind in der ersten Zeile so zu lesen, dass die Belegköpfe über das Feld „BELNR" mit den Belegpositionen (dort ebenfalls über das Feld BELNR) verknüpft werden können. Das Beispiel beschränkt sich darauf, die Verknüpfungsinformationen bei den Bewegungsdaten anzugeben. Streng genommen könnte die Verknüpfung zu den Belegpositionen bspw. auch bei der Tabelle GLACC vermerkt werden, worauf hier jedoch verzichtet wurde. Auch in der Praxis sind redundante Informationen nicht zwingend notwendig.

Die Verknüpfungsinformationen sind notwendig, da die Daten im „weitgehend denormalisierten" Zustand zur Verfügung gestellt werden sollen. So heißt es unter Punkt 1.2 des Ergänzungsschreibens zur

Datenträgerüberlassung. Das BMF hat hier verpasst, zu erklären, was eigentlich gewollt ist. Eine weitgehende „Denormalisierung" bedeutet nämlich, dass Stammdaten möglichst nicht in gesonderten Referenztabellen übergeben werden sollen, sondern gemeinsam mit den Bewegungsdaten in einer Zeile zu stehen haben. Diese Anforderung ist neu, aber zugleich auch unlogisch und praxisfremd. Die beiden deutschen Marktführer SAP und DATEV übergeben im Standard die Daten weitgehend „normalisiert" und überlassen die Verknüpfungen dem Auswerter. Zum einen erlangt man eine breitere Verwendung des Datenbestands, da nicht für jede Auswertung alles mit allem verknüpft werden muss und zum anderen bedeutet eine weitgehende Normalisierung auch eine enorme Ressourcenverschwendung in Bezug auf Speicherkapazität und Verarbeitungsgeschwindigkeit. Der Name und die Adresse eines Kunden steht dann eben nicht nur in einer Zeile des Stammsatzes, sondern wird in einer Vielzahl von Bewegungsdaten ständig wiederholt. Insofern ist wohl auch nicht die Denormalisierung an sich gewollt, sondern die Möglichkeit, diese bei Bedarf herbeizuführen – dazu benötigt man wiederum die Verknüpfungsinformationen.

Neben den o.g. Informationen sollten der Vollständigkeit halber noch Informationen bzgl. des verwendeten Feldtrennzeichens, der Dezimalformate (Punkt oder Komma als Dezimaltrennzeichen) sowie des verwendeten Zeichensatzes (ASCII, UTF8 o. a.) beigefügt werden. Entweder man erweitert die o.g. Tabelle oder man teilt diese Informationen separat mit, zumal sie schließlich für jede Datei identisch sein sollten.

Neben den Tabellen sind auch die darin enthaltenen Felder zu beschreiben. Eine mögliche Variante ist der folgenden Tabelle zu entnehmen:

Tabelle TXW_FI_POS					
Feld	Beschreibung	Typ	Länge	Dezimale	Format
BELNR	Buchungsbelegnummer	TEXT	10		
DMBTR	Betrag in Hauswährung	DECIMAL		2	
SHKZG	Soll-Haben-Kennzeichen	TEXT	10		
HKONT	Nummer des Sachkontos	TEXT	10		
AUGDT	Ausgleichsdatum	DATE			DD.MM.YYYY
...					

Tab. 5.2 Beispiel Datenbeschreibung Felder

Es gilt einerseits eine kompakte, aber aussagekräftige Beschreibung der Feldnamen zu finden, sowie deren Formate möglichst genau zu umschreiben. Wie oben bereits erwähnt, ist IDEA „typsicher“ und erwartet für jede Spalte eine exakte Formatdefinition, wie die Länge bei alphanumerischen Feldern, die Anzahl der Dezimale oder das Datumsformat. IDEA kennt nur die Formate „Numerisch“, „Alphanumerisch“, „Datum“ und „Zeit“.

Sollte man selbst einmal in die Verlegenheit kommen, eine solche Datensatzbeschreibung zu erstellen, gilt die Faustregel, dass nur die Felder, mit denen gerechnet wird, numerischen Formats sein sollen – also insbesondere Mengen- und Wertangaben. Felder, die ebenfalls ausschließlich numerische Werte haben, jedoch nicht zum Rechnen gedacht sind, sollten immer alphanumerisch deklariert werden (z.B. Kontonummer, Kundennummer, Mandant, Buchungskreis etc.).

Tabellen- und Feldbeschreibung zusammen genommen bilden ein sog. „Data Dictionary“, also ein Verzeichnis aller vorkommenden Tabellen und Felder.

Beschreibungsstandard

Die Beschreibung der Daten in MS Excel oder in einem ähnlichen Format ist nicht die präferierte Variante eines Betriebsprüfers, da sie seitens IDEA nicht automatisiert verarbeitbar ist. Die definierten Formate müssten für jede Tabelle und jede Spalte von Hand eingegeben werden. Um dies zu umgehen, hat die Firma Audicon ein Zusatzmodul für IDEA entwickelt, welches SmartX genannt wird und den sog. Beschreibungsstandard verarbeiten kann. Hierbei handelt es sich ähnlich wie bei der o.g. Variante um eine Beschreibung des gesamten Datenbestands, also aller Tabellen und Felder mit der Zusatzfunktion, sodass diese auch technisch von IDEA verarbeitet werden kann und so der Import sämtlicher Tabellen mit wenigen Mausklicks möglich wird.

Das Format der Beschreibungsdatei ist XML und ein Beispiel hierfür ist der folgenden Abbildung zu entnehmen:

```
<?xml version="1.0" encoding="UTF-8" standalone="no"?>
<!DOCTYPE DataSet SYSTEM "gdpdu-01-08-2002.dtd">
<DataSet>
  <Version>1.0</Version>
  <DataSupplier>
    <Name>Test GmbH</Name>
    <Location>Teststadt</Location>
    <Comment></Comment>
  </DataSupplier>
  <Media>
    <Name>VZ 2017</Name>
    <Table>
      <URL>ZGLPCA_2017.txt</URL>
      <Name>ZGLPCA</Name>
      <Description>
      </Description>
      <DecimalSymbol>,</DecimalSymbol>
      <DigitGroupingSymbol>.</DigitGroupingSymbol>
      <Range>
        <From>2</From>
      </Range>
      <VariableLength>
        <ColumnDelimiter>|</ColumnDelimiter>
        <VariableColumn>
          <Name>GL_SIRID</Name>
          <Description>Record number of the line item record</Description>
          <AlphaNumeric />
          <MaxLength>18</MaxLength>
        </VariableColumn>
        <VariableColumn>
```

Abb. 5.1 Beschreibungsstandard Beispiel

XML zeichnet sich dadurch aus, dass die eigentlichen Informationen zwischen sogenannten Tags (also übersetzt „Etiketten, Markierungen") stehen. Es gibt jeweils einen öffnenden und einen schließenden Tag, die beide exakt die gleiche Schreibweise aufzuweisen haben (z.B. Location, Description, DigitGroupingSymbol in der obigen Abbildung). Tags können ineinander verschachtelt werden.

Welche Tag-Namen verwendet werden dürfen, ist im Falle des Beschreibungsstandards einer sog. DTD-Datei zu entnehmen. Im Beispiel ist dies die Datei „gdpdu-01-08-2002.dtd", die es auch in Versionen neueren Datums gibt. Diese muss im gleichen Verzeichnis wie die XML-Datei enthalten sein und darf nicht verändert werden. DTD-Dateien werden heutzutage im Allgemeinen nur noch selten genutzt, um XML zu beschreiben. In der Praxis sind mittlerweile viel häufiger sog. XSD-Dateien anzutreffen, die jedoch die gleiche Grundaufgabe der XML-Syntaxdefinition haben. Selbst XML, das jahrzehntelang das gängigste Format für den Datenaustausch war, wird immer seltener verwendet und stattdessen vom sog. JSON-Format abgelöst, das eine weitaus kompaktere Schreibweise aufweist.

Im Beispiel ist ein Tag „Table“ enthalten, der nicht vollständig abgebildet ist, aber im Grunde genau eine Datei beschreibt – also wie der Name der Datei ist, wie diese später nach dem Import genannt werden soll, welches das Dezimaltrennzeichen ist etc. Innerhalb des Table-Elements werden auch sämtliche Spalten (hier mit dem Tag „VariableColumn“) beschrieben. Die XML-Datei kann mehrere Table-Elemente enthalten, die dann in der Gesamtheit alle zu importierenden Tabellen definieren.

Das Dateiformat der Basisdaten muss eine Textdatei mit ASCII- oder UTF8-Zeichenkodierung sein – also kein MS Excel, XML oder ein anderes der o.g. Formate. Die Ausgangsdaten können auch Spalten von fixer Länge enthalten, also Felder, die nicht durch Trennzeichen definiert sind, sondern durch eine fixe Startposition und eine konstante Länge. Detailliertere Informationen zum Beschreibungsstandard können der Audicon-Homepage entnommen werden.[74]

Die vom BMF veröffentlichten „Ergänzenden Informationen zur Datenträgerüberlassung“ enthalten ebenso Informationen zum Beschreibungsstandard und zu den weiteren unterstützten Formaten (s.o.). De facto werden jedoch die meisten Prüfer nur den Beschreibungsstandard akzeptieren und die anderen Formate zurückweisen, auch wenn dies in keinem BMF-Schreiben oder Gesetz manifestiert ist. Die Ursache hierfür liegt einfach darin, dass die überwiegende Anzahl der in der Bundesrepublik Deutschland verwendeten ERP- und Kassensysteme diesen Standard unterstützen und die Betriebsprüfer daher entsprechend „verwöhnt“ sind.

Es ist jedoch anzumerken, dass eine entsprechende Feststellungsklage seitens des Finanzamts vor dem FG Münster wieder zurückgenommen wurde.[75] Das Finanzamt Bielefeld hatte den fehlenden Beschreibungsstandard mit einer Sicherheitsleistung in Höhe von 1.200,00 EUR sanktioniert. Es ist jedoch zu ergänzen, dass das verwendete Programm den Beschreibungsstandard gar nicht unterstützt hatte.

---

74 http://support.audicon.net/index.php/ais-taxaudit-pro/ta-aktuelle-dowonloads/doc_details/29-gdpdu-beschreibungsstandard.html (zuletzt abgerufen am 03.06.2020).

75 Vgl. Az.: 13 K 2158/13 K,U.

Praxistipp:
Vor der Übergabe der Datenträger an die Finanzverwaltung sollten die Inhalte getestet werden. Das gilt nicht nur in Hinblick auf die Einlesbarkeit der Daten in IDEA, sondern auch hinsichtlich deren Übereinstimmung mit der Bilanz und GuV der entsprechenden Veranlagungszeiträume. Hierzu wären zumindest die Salden abzugleichen oder besser noch die Bewegungsdaten/Buchungssätze aufzusummieren und abzustimmen.

Dieser Tipp hat umso größerer Bedeutung, sofern in dem Finanzbuchhaltungssystem neben dem handelsrechtlichen auch andere Rechnungslegungsstandards abgebildet werden und entsprechende Überleitung getätigt wurden.

Neben den gängigen CSV-, Excel- und anderen Formaten ist bei IDEA insbesondere die Fähigkeit herauszuheben, PDF-Dateien zu importieren. So ist es bspw. möglich, umfangreiche Drucklisten – auch in hierarchischer Form – in eine reine Tabellenform umzuwandeln. Die Drucklisten müssen allerdings in Textform vorliegen. Bilder, wie sie bspw. beim Scan entstehen, sind nicht importfähig, da IDEA über keine OCR-Komponente verfügt.

Skript-Funktionalität

Eine weitere Kernfunktionalität von IDEA ist die Möglichkeit, Prüfungen mit Skripts zu automatisieren. Nahezu jeder Schritt innerhalb des Programms wird automatisch in Form eines Visual-Basic-Scripts aufgezeichnet. Diese Funktionalität kann bspw. auch in Microsoft Excel aktiviert werden, allerdings ist in IDEA der Anpassungsbedarf in Bezug auf die Wiederverwendbarkeit der unmittelbaren Aufzeichnung deutlich geringer. Außerdem ist die Aufzeichnung nicht zu starten oder zu stoppen, sondern läuft permanent im Hintergrund. Die Skriptfunktionalität hat sich auch die Finanzverwaltung zunutze gemacht und für eine Vielzahl von Standardsystemen Prüfroutinen entwickelt, welche die Datenbestände der Steuerpflichtigen vollautomatisch auswerten.

Die o.g. Zentralisierungsbestrebungen auf Seiten der Finanzverwaltung haben auch zur Folge, dass sich der einzelne Prüfer tendenziell gar nicht mehr so sehr mit der Bedienung von IDEA auseinandersetzen will. Stattdessen werden die Daten zentral aufbereitet und ausgewertet, um anschließend nur die Ergebnisse an den Prüfer zurückzuführen. Teilweise wird sogar bemängelt, wenn die Datenbestände nicht mit den erstellten Skripts der Finanzverwaltung verarbeitet werden können. Das ist natürlich eine Anforderung, die so in keinem Gesetz oder BMF-Schreiben festgelegt ist, aber mit der in der Praxis bereits häufig argumentiert wird.

Auch der Steuerpflichtige kann sich natürlich die Skriptfunktionalität zunutze machen. Hierfür muss er sich entsprechende Programmierkenntnisse aneignen, die beim genutzten Standard jedoch nicht allzu umfangreich sind. Die Basis für IDEA-Skript ist die Programmiersprache Visual Basic. Bei einer umfangreichen Nutzung von IDEA ist die Verwendung von Skripts unbedingt zu empfehlen. Die Effizienzsteigerung kann selbst bei einmaligen Prüfungen, die nicht wiederholt werden sollen, wesentlich sein.

5.3 Systemstilllegungen

5.3.1 Allgemeines

Kein System lebt ewig. Sollen Systeme abgelöst werden, so ist es regelmäßig der Fall, dass sich im Altsystem aufbewahrungspflichtige Daten befinden, deren Aufbewahrungsfrist noch nicht abgelaufen ist und die noch ungeprüfte Veranlagungszeiträume betreffen. Insofern sind die Daten noch aufbewahrungspflichtig, obwohl das zugrundeliegende System nicht mehr genutzt wird.

Eine vollständige Migration der aufbewahrungspflichtigen Daten in das neue System kommt in der Praxis kaum vor, da erstens die Datenstrukturen in der Regel nicht kompatibel sind und somit komplexe Konvertierungsmaßnahmen durchzuführen sind, die erhebliche Aufwände verursachen, sofern diese überhaupt umsetzbar sind. Zweitens ist es im Rahmen des Projektmanagements oft nicht erstrebenswert, das neue System von Beginn an mit Altdaten zu überfrachten. Insofern beschränkt man sich häufig auf die Migration der Stamm- und Bestandsdaten, aber die Bewegungsdaten bleiben unberücksichtigt.

Ohne eine vollständige Migration gibt es unterschiedliche Handlungsalternativen, die je nach Gegebenheiten und Nutzungsbedarf abzuwägen sind und im Folgenden näher betrachtet werden.

Abb. 5.2 Varianten bei Systemabschaltungen

Die Abbildung zeigt vier Varianten, die sich bezüglich des voraussichtlichen Aufwands stark unterscheiden können. Insbesondere die Virtualisierung und die Einführung eines Archivsystems sind normalerweise nicht aus dem laufenden Betrieb heraus zu stemmen, sondern erfordern eine Projektstruktur mit entsprechender Planung und Budgetierung. Das liegt vor allem auch daran, dass bei beiden Varianten zwingend die IT einzubeziehen ist und entsprechende „Change Requests" zu stellen sind.

Für die beiden oberen Varianten sind in der Regel keine IT-Maßnahmen außerhalb des Regelbetriebs anzustoßen.

5.3.2 Nicht-Abschaltung

Eine Nicht-Abschaltung des Vorgängersystems wäre aus Sicht der Abgabenordnung und der GoBD grundsätzlich erforderlich, wenn keine alternativen Maßnahmen veranlasst werden. Die Nicht-Abschaltung ist auf den ersten Blick auch die bequemste Methode, da zunächst keine weiteren Maßnahmen erforderlich sind, außer das System am Laufen zu halten. Allerdings kann dieser erste Blick auch täuschen, wenn man die folgenden Punkte berücksichtigt:

- Die weitere schreibende Nutzung des Systems ist zu unterbinden. Daher sind die Autorisierungen der Rollen und Nutzer entsprechend anzupassen.

- Laufende Software verursacht in der Regel Lizenzkosten, die je nach Produkt erheblich sein können.
- Auf jeden Fall zu berücksichtigen sind auch laufende interne und externe IT-Kosten zur Vorhaltung der Server, zur Aktualisierung des Betriebssystems, der Virenscanner sowie sonstiger IT-Komponenten.
- Wird ein Release-Wechsel beim Altsystem fällig, weil ansonsten ggf. kein Support mehr vom Hersteller geleistet wird, kann es auch vorkommen, dass der Fachbereich die neue Version noch testen muss, obwohl gar nicht mehr operativ mit dem System gearbeitet wird.
- Mit zunehmender Zeit nach Abschaltung steigt im Unternehmen die Gefahr, dass es keine Mitarbeiter gibt, die das alte System noch bedienen können.

In der Regel ist es ohnehin der Fall, dass Altsysteme nicht unmittelbar nach der Einführung des neuen Systems abgeschaltet werden, da sie zumindest noch für Auswertungszwecke oder auch zur Durchführung von Abschlüssen erforderlich sind. Allerdings sollte der operative Nutzungsbedarf mit der Zeit stark absinken, sodass abzuwägen ist, ob eine weitere Onlinehaltung noch wirtschaftlich ist.

5.3.3 Antrag auf Buchführungserleichterung

Ein Antrag auf Buchführungserleichterung kann gem. § 148 AO gestellt werden, wenn die Einhaltung der Buchführungs-, Aufzeichnungs- und Aufbewahrungspflichten Härten mit sich bringen, die für den Steuerpflichtigen unzumutbar sind. In der Praxis sind solche Härten in erster Linie durch monetäre Größen zu begründen, die in der Regel bei weiterer Onlinehaltung des Altsystems verursacht werden (siehe Kapitel zuvor).

Der Antrag ist beim zuständigen Finanzamt zu stellen. Er enthält die Forderung, dass bei einer steuerlichen Außenprüfung für die Veranlagungszeiträume, in denen das Altsystem aktiv war, auf die Zugriffsarten Z1 und Z2 verzichtet wird. Stattdessen soll sich der Prüfer auf die Datenträgerüberlassung (Z3) beschränken. Dementsprechend wären im Zuge der Beantragung die aufbewahrungspflichtigen Datenbestände aus dem System zu extrahieren und maschinell auswertbar zur Verfügung zu stellen.

Das Format muss für eine Datenträgerüberlassung geeignet sein (siehe Kapitel 5.2.2. Datenträgerüberlassung (Z3)). Nach erfolgter Abschaltung ist eine nochmalige Extraktion im Fehlerfall unmöglich. Daher bietet es sich an, die Extrakte vor der endgültigen Abschaltung von einem sachverständigen Dritten hinsichtlich Einlesbarkeit in IDEA und Datenintegrität testen zu lassen. Dem Antrag kann dann ggf. auch das Testprotokoll beigelegt werden.

Häufig erfolgt eine Bewilligung nur mit der Einschränkung, dass es möglich sein muss, weitere Daten zu extrahieren, sollte der Prüfer zu dem Schluss kommen, dass nicht alle aufbewahrungspflichtigen Bestände vorliegen. Eine eher ungünstige Prämisse, wenn man doch das System abschalten möchte und danach keinen Zugriff mehr darauf hat. In der Praxis hat sich deshalb bewährt, zumindest die Datenbank zu sichern und in einem wiederherstellbaren Zustand zu belassen. So können Datenbestände immerhin noch aus einer zurückgesicherten Datenbank extrahiert werden, auch wenn das zugrundeliegende System nicht mehr verfügbar ist. Für diesen Schritt muss allerdings doch wiederum die IT bemüht werden, die ggf. sowohl die Sicherung als auch die Wiederherstellung und die anschließende Extraktion anzustoßen hat.

Insbesondere bei einem vorgelagerten Test auf Vollständigkeit der Daten sollte es in der Praxis wohl kaum zu der Anforderung kommen, die Datenbank wiederherzustellen. Nichtsdestotrotz sollte es möglich sein.

In Bezug auf die Antragstellung haben die neuen GoBD eine echte Erleichterung gebracht. So heißt es in der Rz. 164: „Sofern noch nicht mit der Außenprüfung begonnen wurde, ist es im Falle eines Systemwechsels oder einer Auslagerung von aufzeichnungs- und aufbewahrungspflichtigen Daten aus dem Produktivsystem ausreichend, wenn nach Ablauf des 5. Kalenderjahres, das auf die Umstellung folgt, nur noch der Z3-Zugriff (Rzn. 167 bis 170) zur Verfügung gestellt wird." Es wird also explizit gestattet, die Daten auf dem Weg der Datenträgerüberlassung zu übergeben, auch ohne dass hierzu ein Antrag gestellt werden muss. Leider jedoch erst nach dem 5. Jahr, welches auf das Jahr der Abschaltung folgt. Die folgende Grafik verdeutlicht den zeitlichen Zusammenhang:

Abb. 5.3 Beispiel Erleichterungsantrag nach § 148 AO

Geht man davon aus, dass ein Altsystem im Herbst 2016 abgelöst wurde und die letzte steuerliche Außenprüfung die Veranlagungszeiträume bis 2015 abdeckt, so besteht die Pflicht zur Onlinehaltung bis zum 31. Dezember 2021. Trotz der Erleichterung ist dies ein verhältnismäßig langer Zeitraum, der Abschaltungsgedanken in Verbindung mit der Antragstellung nicht obsolet werden lässt.

Die erste (inoffizielle) Neufassung, also GoBD vom 11. Juli 2019 sahen vor, diesen Zeitraum sogar um das 6. Jahr, dass auf den Systemwechsel folgt, zu veranschlagen. Tatsächlich ist die Kürzung um ein Jahr die einzige Veränderung in den GoBD vom 28. November 2019 im Vergleich zur inoffiziellen Vorgängerversion.

5.3.4 Auswertbares Archiv

Eine weitere Alternative, um Daten von obsoleten Systemen vorzuhalten, ist deren Überführung in ein Archivsystem, das in der Praxis auch „auswertbares Archiv“ genannt wird. Ein Archivsystem ist nicht dafür vorgesehen, zusätzliche Daten zu erfassen oder bestehende Daten zu verändern. Die Bestände sind sozusagen „eingefroren“. Dementsprechend ist innerhalb eines Archivsystems auch dafür Sorge zu tragen, dass keine Änderungen oder Löschungen an Datenbeständen vorgenommen werden können. Die Rz. 142 regelt diesen Vorgang in den GoBD und erwähnt einige Voraussetzungen für eine konforme Migration[76] der aufbewahrungspflichtigen Daten:

[76] Vgl. Rz. 142 GoBD.

a. Die Daten müssen qualitativ und quantitativ gleichwertig überführt werden.
b. Lediglich das Datenformat darf bei Bedarf umgewandelt werden, nicht der Inhalt der Daten.
c. Die Auswertungen müssen in quantitativer und qualitativer Hinsicht genauso möglich sein, als wären die Daten noch im Produktivsystem.

Insbesondere der letzte Punkt gibt in der Praxis oft Diskussionsanlass. Es darf stark bezweifelt werden, dass zwei unterschiedliche Systeme – gleich welcher Kategorie – die gleichen Auswertungsmöglichkeiten in qualitativer und quantitativer Hinsicht bieten, selbst wenn die Datenbasis nahezu identisch ist. Sowohl die Anzahl als auch Aufbau und Inhalt von Berichten sind oftmals fundamental unterschiedlich.

Dennoch ist in der Praxis ein auswertbares Archiv u.a. dann eine geeignete Lösung, wenn die migrierten Daten noch operativ genutzt werden müssen. Dies wäre bei der vorgenannten Variante der Buchführungserleichterung nurmehr mittels der Software IDEA möglich.

Das Szenario soll anhand eines typischen Archivsystems verdeutlicht werden: dem Produkt „Data ReBase“ der Firma Audicon. Die Audicon GmbH vertreibt, wie bereits oben erwähnt, die Prüfsoftware der Finanzverwaltung (IDEA) exklusiv in der Bundesrepublik Deutschland. Daneben entwickelt Audicon auch weitere Softwareprodukte im Bereich Revision, Tax und Compliance, wie eben bspw. Data ReBase, das zur dauerhaften Aufbewahrung und Auswertung von Daten außerhalb der originären Produktivumgebung dient.

Der grundsätzliche Aufbau der Lösung ist der folgenden Abbildung zu entnehmen:

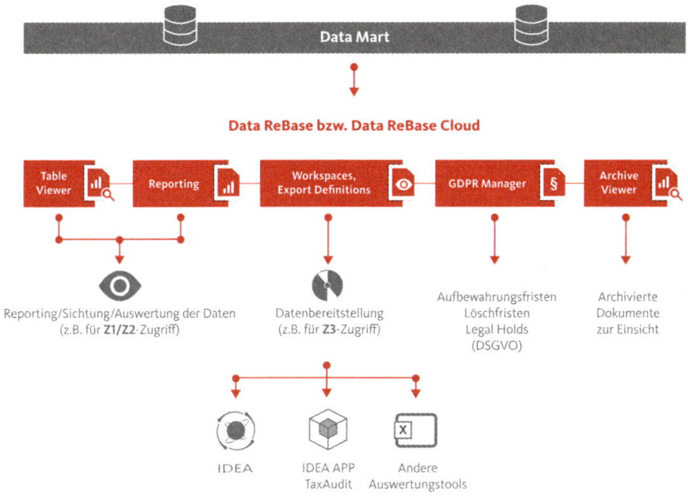

Abb. 5.4 Beispielarchitektur eines auswertbaren Archivs

Die Daten des zu archivierenden Systems werden in einem sog. Data-Mart gehalten. Hierbei handelt es sich wie auch beim Originärsystem um eine Datenbank, die jedoch nicht zwingend denselben technischen Standard haben muss. Am Beispiel von Data ReBase basiert der Data-Mart auf einem MS SQL-Server, in den die Daten des zu archivierenden Systems zu transferieren sind. Neben den zu archivierenden Daten beinhaltet der DataMart noch einen eigenen Datenbereich, der bspw. die Benutzerberechtigungen abdeckt.

Aus dem DataMart heraus werden dann die verschiedenen Module bedient.

Die wichtigste Ebene ist hierbei die Auswertung, die sich in den Table Viewer und das Reporting unterteilt. Über den Table Viewer können die Rohdaten abgefragt und ausgewertet werden. Die Benutzeroberfläche und die Funktionalitäten sind ähnlich zu IDEA und erlauben neben der reinen Datenabfrage eine Vielzahl an Analysen. Deren Kombinationsmöglichkeiten bieten eine Variabilität, welche die Auswertbarkeit im Vergleich zum Originärsystem in quantitativer Hinsicht übersteigen dürfte – eine wichtige Voraussetzung zur GoBD-Konformität.

Um der Anforderung nach qualitativer Gleichwertigkeit gerecht zu werden, können Berichte bzw. Reports entwickelt werden, die ein möglichst ähnliches Layout und ähnliche Selektionsparameter wie die Auswertungen im Originärsystem bieten sollten. In den seltensten Fällen werden sämtliche Reports eines Systems nachgebildet, da der Aufwand unverhältnismäßig hoch wäre und in der Regel ohnehin nur ein kleiner Teil der Berichte operativ genutzt wird. Insofern wird hier ein Kompromissweg eingeschlagen, der voraussetzt, dass sich auch ein steuerlicher Außenprüfer mit den gleichen Auswertungen zufriedengibt, die auch die Mitarbeiter verwenden.

Eine weitere wichtige Funktionalität von auswertbaren Archivsystemen ist die Fähigkeit, Datenbestände IDEA-konform zu extrahieren, um so auch den Anforderungen an eine Datenträgerüberlassung im Rahmen einer Betriebsprüfung gerecht zu werden. Des Weiteren muss selbstverständlich auch der Zugriff auf sonstige aufbewahrungspflichtige Unterlagen wie PDF- oder MS Office-Dateien gewährleistet werden. Darüber hinaus ist eine zeitgerechte, regelkonforme Löschung der Daten zu berücksichtigen.

Für die Implementierung eines Archivsystems ist eine Projektstruktur erforderlich. Die Projektphasen stellen sich typischerweise wie folgt dar:

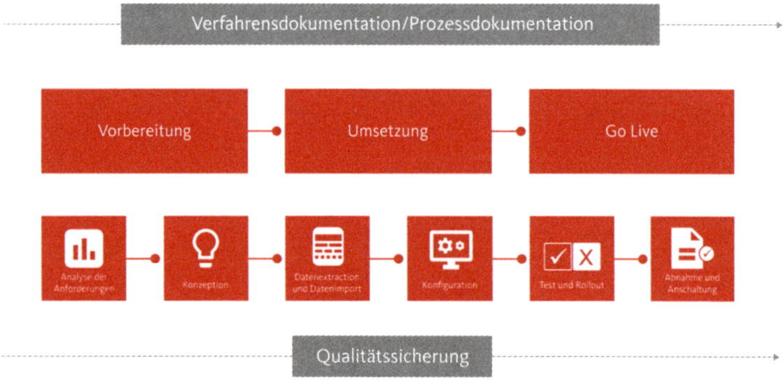

Abb. 5.5 Projektvorgehen auswertbares Archiv

In der ersten Phase erfolgt eine Bestandsaufnahme gemeinsam mit technischen und fachlichen Ansprechpartnern des Systems. Neben dem fachlichen Hintergrund der Anwendung werden vor allem die technischen Parameter wie Plattform, Datenbank, Datenmenge sowie vorhandene Exportschnittstellen evaluiert.

Des Weiteren sind die für den operativen Anwender relevanten Auswertungen zu bestimmen, die dann während des weiteren Projektverlaufs im Reporting-Modul nachgebildet werden. So wird zum einen dafür gesorgt, dass das Archivsystem hinsichtlich der Ausgaben möglichst ähnlich zum Originärsystem ist und man zum anderen der GoBD-Anforderung von qualitativ gleichwertigen Auswertungen gerecht wird. Ggf. sind auch weitere Unterlagen zu definieren, die nicht unmittelbar in der Datenbank enthalten sind, aber dennoch aufbewahrt werden müssen (MS Office-Dokumente, PDF-Dateien etc.).

Es ist auch nicht zu vernachlässigen, dass bereits bestehende Programmdokumentationen, Arbeitsanweisungen und Benutzerhandbücher angefordert werden können.

Während der Konzeptionsphase geht es vor allem darum, den aufbewahrungspflichtigen Datenbestand näher zu definieren sowie zu evaluieren, aus welchen Tabellen und gem. welcher Logik die Auswertungen ihre Daten beziehen. Üblicherweise kann erst in dieser Phase der voraussichtliche Aufwand zur Stilllegung valide abgeschätzt werden. Zielsetzung ist es, ein sog. Stilllegungskonzept zu erstellen, das neben den aufbewahrungspflichtigen Daten auch Aspekte der Datenschutz-Grundverordnung (DSGVO) beleuchtet und ggf. fällige Anonymisierungs- und Löschanforderungen aufzeigt.

Datenextraktion und Import sind dann ein in erster Linie technischer Vorgang, der mittels einer Vielzahl an Varianten durchgeführt werden kann. Oft besteht das Bestreben, anstelle einer Datenauswahl, die aus der Qualifizierung der Aufbewahrungspflicht hervorgeht, die gesamten Datenmengen zu überführen. Der entstehende Aufwand in dieser Phase sollte nicht unterschätzt werden, da umfangreiche Verprobungen zwischen Originär- und Archivsystem durchzuführen sind. Zugleich steht und fällt die gesamte Qualität des DataMarts mit dem Erfolg dieses Schritts. Vieles, was nach dem validierten Import kommt, kann noch angepasst werden, da die Datenbasis korrekt und festgeschrieben ist. Hier gemachte Fehler haben jedoch zumeist Auswirkungen auf die Folgephasen und sind ggf. auch nicht mehr zu kompensieren, wenn bspw. das Originärsystem bereits abgeschaltet wurde.

Hinweis:
Es ist anzuraten, bereits während der Importphase mit umfangreichen Tests auf Richtigkeit und Vollständigkeit des migrierten Datenhaushalts zu beginnen, um potenzielle Fehlerquellen möglichst zeitnah zu erkennen und zu beheben.

Die Konfigurationsphase beinhaltet einen weiteren wichtigen Schritt: Die Implementierung von Auswertungen auf Basis des Reporting-Moduls. Des Weiteren werden auch die notwendigen Benutzergruppen angelegt, sowie ggf. die aufbewahrungspflichtigen Dokumente migriert, soweit dies nicht in der vorherigen Phase erfolgte.

Die Go-Live-Phase weist gegenüber vergleichbaren Tätigkeiten bei alternativer Software im Grunde keine Besonderheiten auf. Es ist erwähnenswert, dass auch für die Archivierung von Altsystemen eine System- und Verfahrensdokumentation anzufertigen ist, aus der die Einhaltung von Ordnungsmäßigkeitskriterien hervorgeht.

6 Schlussbemerkung

Es bleibt zu hoffen, dass mit den vorangegangenen Ausführungen ein gutes Bild vermittelt wurde, was die GoBD sind und insbesondere, was sie für die Praxis bedeuten. Letztlich sind sie in Bezug auf die reinen Vorgaben bis auf wenige Ausnahmen tatsächlich „alter Wein in neuen Schläuchen". Nichtsdestotrotz ist deren Veröffentlichung in 2014 und auch deren Aktualisierung in 2019 als Signal zu verstehen, dass die Einhaltung der Vorgaben nun auch tatsächlich von den Finanzämtern kontrolliert und Verstöße sanktioniert werden.

Sollte ein Unternehmen noch keinerlei Maßnahmen bzgl. der GoBD unternommen haben, bietet sich der folgende Fahrplan an:

Aufnahme der relevanten Verfahren

- Stellen Sie fest, welche Verfahren Einzug in die Bilanz und GuV halten und welches die korrespondierenden Systeme sind.
- Sammeln Sie vorhandene Dokumentationen und erkundigen Sie sich im Unternehmen nach bereits verwendeten Dokumentationsstandards.
- Priorisieren Sie die Prozesse nach Wesentlichkeit für die GuV und nach Prüfungswahrscheinlichkeit.

Dokumentation der relevanten Verfahren und Systeme

Kleinere Unternehmen können die folgenden Schritte mit einer auf MS Word-basierenden Dokumentation ersetzen.

- Sind die Verfahren nicht oder unzureichend dokumentiert und existiert innerhalb des Unternehmens kein etablierter Dokumentationsstandard, führen Sie zunächst eine Produktevaluation bzgl. eines anzuschaffenden Prozessmanagement-Werkzeugs durch.
- Implementieren Sie die ausgewählte Software und ermitteln Sie den relevanten Nutzerkreis.

Die folgenden Schritte sind unabhängig von der Unternehmensgröße notwendig.

- Dokumentieren Sie die mit Priorität 1 gekennzeichneten Verfahren sowie die korrespondierenden Systeme.

- Ermitteln Sie wesentliche Änderungen rückwirkend bis zum 1. Januar 2015 und erstellen Sie entsprechende Dokumentationsversionen.
- Planen Sie die Dokumentation für die Verfahren mit Priorität 2 und fordern Sie die Dokumentationen von ausgelagerten Verfahren an.

Optimierung einzelner Verfahren

- Ermitteln Sie anhand der erstellten Dokumentationen Schwachstellen und zeigen Sie die monetären sowie ggf. weitere Risiken (z.B. Reputationsrisiken) auf.
- Kategorisieren Sie diese nach Risikohöhe. Skizzieren Sie erste Überlegungen.
- Priorisieren Sie – wenn möglich und nicht bereits getan – die Verarbeitung von elektronischen Eingangsrechnungen hoch. Dieses Thema wird in naher Zukunft immer mehr an Gewicht gewinnen und die Unternehmen können sich dem nicht verschließen.

7 Anlagen

7.1 Anlage I: Beispiel Scananweisung

1. Grundsätze

[1] Vorliegendes Dokument beschreibt die Voraussetzungen, um konform zu diversen rechtlichen Grundlagen Dokumente in Papierform elektronisch zu erfassen. Zur elektronischen Erfassung zählen:

- der Scan mit einem dedizierten Scangerät (mobil oder stationär), einem Multifunktionsgerät oder einer Scan-Software auf einem Smartphone,
- die Fotografie mittels Smartphone oder digitaler Kamera.

[2] Die vorliegende Anweisung ist nur innerhalb eines definierten Kontexts anzuwenden, der zugleich den Zweck der elektronischen Erfassung festlegt. Beispiele hierfür können u.a. sein, die elektronische Erfassung von

- kreditorischen Eingangsrechnungen,
- Reisekostenbelegen,
- Verträgen.

[3] Von der Anweisung nicht umfasst sind sachlogische und fachliche Beurteilungen des konkreten Dokumenteninhalts (bspw. Vorhandensein der Pflichtangaben auf einer Rechnung gem. § 14 Abs. 4 UstG). Diese Beurteilungen können je nach Kontext unterschiedlich sein. Sie sind ebenso bei originär elektronischen Dokumenten anzuwenden und somit separat festzulegen.

[4] Ebenso nicht umfasst sind Regelungen zur weiteren Verarbeitung der elektronischen Dokumente, da diese vom jeweiligen Kontext abhängt.

2. Anforderungen

2.1. Identifikation der zu erfassenden Dokumente

[1] Vom Bearbeiter ist sicherzustellen, dass lediglich die für den jeweiligen Zweck geeigneten Unterlagen dem elektronischen Erfassungsvorgang zugeführt werden. Andere Dokumente sind zuvor auszusortieren,

dem geeigneten Kontext zuzuordnen bzw. dem entsprechenden Sachbearbeiter weiterzuleiten.

2.2. Vorbereitung

[1] Vor der elektronischen Erfassung sind die Dokumente ggf. aufzubereiten, sodass der weitere Erfassungsvorgang erleichtert bzw. erst ermöglicht wird. Hierzu können bspw. gehören:

- das Entfernen von Tacker- oder Büroklammern,
- das Entfernen von zusätzlichen Schriftstücken, die ggf. die Lesbarkeit einschränken (z.B. Kreditkarten-/EC-Kartenbelege, Post-its),
- die Korrektur von Falzstellen oder Eselsohren.

[2] Je nach Art der Erfassung und des Endgeräts sind die Dokumente zur effizienten Verarbeitung im Vorfeld der Bearbeitung zu sortieren (bspw. nach Duplex-Scan oder einseitigem Scan).

[3] Bei einer Stapelerfassung (mehrere Dokumente in einem Verarbeitungsvorgang) ist darauf zu achten, dass die Ergebnisse in einzelnen, dokumentenspezifischen Dateien vorliegen. Ggf. Festlegung, dass Barcodes angebracht oder spezifische Trennseiten eingefügt werden. Vom konkreten Verfahren abhängig.

2.3. Einseitige bzw. doppelseitige Erfassung

[1] Beidseitig bedruckte Dokumente sind grundsätzlich auch beidseitig elektronisch zu erfassen.

[2] Sind auf der Rückseite eines Dokuments lediglich Inhalte vorhanden, die für die eigentliche Bedeutung der Vorderseite nicht relevant sind oder diese nicht sachlogisch ergänzen (bspw. Wasserzeichen oder Werbung), so kann auf die Erfassung der Rückseite verzichtet werden.

[3] Sind die Inhalte auf der Rückseite relevant, aber handelt es sich unabhängig vom konkreten Dokument um stets wiederkehrende Informationen (bspw. AGBs), so müssen diese trotzdem miterfasst werden. Alternativ kann auch eine einzige Version dieser Inhalte inkl. einer Versionierungsinformation vorgehalten werden.

2.4. Mehrseitige Dokumente

[1] Bei mehrseitigen Dokumenten sind grundsätzlich alle Seiten zu erfassen.

[2] Sich auf jeder Seite wiederholende Inhalte auf den Rückseiten (z.B. AGBs oder Lieferbedingungen) sind pro Scanvorgang nur einmal zu erfassen.

[3] Es ist stets darauf zu achten, dass bei mehrseitigen Dokumenten auch alle Seiten erfasst werden und nicht etwa durch einen Doppeleinzug verlorengehen. Diese Vollständigkeit ist unmittelbar nach jedem Erfassungsvorgang zu verifizieren.

[4] Die Seiten bei mehrseitigen Dokumenten müssen in der korrekten Reihenfolge erfasst werden. Entsprechend ist es unzulässig, bei beidseitig bedruckten Dokumenten zunächst die Vorderseiten und anschließend die Rückseiten zu scannen, ohne sie anschließend wieder korrekt zu ordnen.

[5] Mehrseitige Dokumente sind zu einer Datei zusammenzuführen.

[6] Versehentlich erfasste leere Seiten sind nach dem Erfassungsvorgang zu entfernen.

2.5. Auflösung und Farbgebung

[1] Zwingende Voraussetzung für die Konformität der elektronischen Erfassung ist die Beibehaltung sämtlicher Inhalte des Papierdokuments. Insbesondere müssen kleinere und hellere Schriften sowie Texte auf dunklem Hintergrund innerhalb des elektronischen Dokuments identifizierbar sein.

[2] Bzgl. der Auflösung und Farbgebung sind die Grundeinstellungen so zu wählen, dass ein möglichst großer Anteil der zu erfassenden Dokumente hinsichtlich der Lesbarkeit korrekt verarbeitet wird und gleichzeitig die Verhältnismäßigkeit der resultierenden Dateigröße gewahrt bleibt.

[3] Auf eine Erfassung in Farbe kann verzichtet werden, wenn sich die Farbgebung lediglich auf grafische Elemente des Papierdokuments aus-

wirkt und sämtliche textuellen Inhalte auch nach der Erfassung noch lesbar sind.

[4] Auflösung und Farbgebung sind so zu wählen, dass die resultierende Dateigröße im Verhältnis zur Seitenanzahl des Papierdokuments steht.

[5] Die Lesbarkeit des elektronischen Dokuments ist unmittelbar im Anschluss an den Erfassungsvorgang zu verifizieren.

[6] Ist die vollständige Lesbarkeit unter Verwendung der Grundeinstellungen nach der elektronischen Erfassung nicht gegeben, ist die Erfassung mit geänderten Einstellungen (bspw. Erhöhung der Auflösung, Verwendung von Farbe bzw. Graustufen) zu wiederholen. Vereinzelt ist vor der elektronischen Erfassung eine Kopie des Originaldokuments anzufertigen, da nur die hierdurch gewonnenen Kontraste zu einem erfolgreichen Ergebnis führen. Nur das endgültige Dokument ist dem weiteren Bearbeitungsvorgang zuzuführen. Die Vorversionen sind zu löschen.

[7] Bereitet ein Dokumententyp Schwierigkeiten bei der elektronischen Erfassung, so ist ggf. der Aussteller zu kontaktieren und hinsichtlich der Defizite zu informieren.

2.6. Besonderheiten bei der Fotografie

[1] Bei der Fotografie von Dokumenten sind hinsichtlich der Lesbarkeit insbesondere die folgenden Punkte zu beachten:

- Bildschärfe: Das resultierende Bild darf nicht verwackelt oder verschwommen sein.
- Winkel: Dokumente sind aus einem 90-Grad-Winkel ausgehend von der Dokumentenmitte zu fotografieren, damit die Größenverhältnisse der Dokumenteninhalte gewahrt bleiben.
- Seitenränder: Das fotografierte Dokument muss vollständig, d.h. inkl. der Seitenränder erfasst werden.
- Belichtung und Schattengebung: Eine nicht ausreichende Belichtung bzw. eine ungünstige Schattengebung kann zu einer mangelhaften Lesbarkeit führen.

[2] Insbesondere Fotografien können unverhältnismäßig große Dateien verursachen. Für die weitere Verarbeitung ist daher ggf. die Auflösung anzupassen.

[3] Analog zum Scan ist auch bei der Fotografie die Qualität des Resultats unmittelbar nach Durchführung vom Erfasser zu kontrollieren. Bei festgestellten Defiziten ist die ursprüngliche Fotografie zu löschen und erneut anzufertigen.

2.7. Weitere Verarbeitung

[1] Das Originaldokument ist dem weiteren Bearbeitungsvorgang zu entziehen, d.h., es dürfen nach der elektronischen Erfassung keinerlei Vermerke oder sonstige Anmerkungen an dem Papierdokument angebracht werden.

[2] Der weitere Verarbeitungsvorgang ist unverzüglich, d.h., noch am selben Tag der Erfassung anzustoßen. Die digitalisierten Dokumente dürfen nicht länger als zwingend notwendig auf dem temporären Zwischenspeicher (lokaler Scan Client, Smartphone) verbleiben.

3. Sonstiges

3.1. Vernichtung der Originale

Die Konformität der Vernichtung von elektronisch erfassten Papierdokumenten hängt u.a. von der weiteren Verarbeitung des elektronischen Dokuments ab. Hier muss insbesondere der Schutz vor Veränderung und Verlust sichergestellt sein. Ggf. sind Originaldokumente auch kurzfristig aufzubewahren, um Kontrollen durch Fachabteilungen zu ermöglichen. Zudem ist zu evaluieren, ob die Dokumente überhaupt zur Vernichtung freigegeben werden können. Dies ist bspw. bei Rechnungen regelmäßig nicht der Fall, die im Zusammenhang mit Fördermaßnahmen stehen und daher im Original eingereicht werden müssen.

3.2. Zuständigkeiten und Kontext

Bitte hier den entsprechenden Kontext bzw. Prozess sowie ggf. einzuhaltende Kommunikations- und Eskalationswege vermerken.

3.3. Anwendungszeitraum

[1] Diese Arbeitsanweisung ist gültig ab dem 1. Januar 2019 und gilt bis zum schriftlichen Widerruf bzw. der Ablösung durch eine aktualisierte Version.

3.4. Akzeptanz

[1] Diese Anweisung wurde gelesen und akzeptiert. Die hierin festgelegten Schritte werden verbindlich vom Unterzeichnenden eingehalten.

7.2 Anlage II: Systemsteckbrief

1. Allgemeine Rahmendaten	
1.1 Systemname	Offizieller Name des Systems
1.2 Systemkategorie	Finanzbuchhaltung, Kassensystem etc.
1.3 Standardsoftware	Nein, wenn individuell entwickelt. Bei selbst entwickelter Software ist unbedingt Punkt 3.9. zu beachten
1.4 Hersteller	
1.5 Kurzbeschreibung	Kurze Beschreibung, für was das System eingesetzt wird
1.6 Pfad zum Benutzerhandbuch	Auch Verweis auf Onlinehilfe möglich, falls vorhanden
1.7 Einführungsdatum	Seit wann wird das System genutzt – ggf. Vorgängersystem bei Einführung in nichtgeprüften Zeiträumen
1.8 Abschaltung geplant/erfolgt	Wenn ja: wann und was ist das Nachfolgesystem
1.9 Nutzung durch (Abteilungen, Länder)	Wer arbeitet unmittelbar mit dem System
1.10 Auskunftsperson fachseitig	Ansprechpartner, wenn es um die Nutzung des Systems geht
1.11 Release	Aktuelle Version, seit wann genutzt
1.11 Besonderheiten	Sonstige Hinweise in Hinblick auf die Nutzung
2. Datenbestände	
2.1 Geführte Datenbestände	Welche Art von Daten führt das System (Buchungen, Abrechnungen, bestimmte Bestände), evtl. auch Dokumente
2.2 Dauersachverhalte und Automatikbuchungen	Werden im System Dauerbuchungen oder Automatiksachverhalte geführt, bei denen es einen Beleg für mehrere Buchungen gibt; welche und wo ist der führende Beleg
2.3 Personenbezogene Daten	Kunden, Lieferanten, Mitarbeiter, sonstige natürliche Personen
2.4 Weitere schützenswerte Daten	z.B. Pfändungen, Telekommunikationsdaten

3. Technische Rahmendaten	
3.1 Betriebssystem	Windows, Unix, etc. – inkl. Version
3.2 Datenbankprovider	Oracle, MS SQL-Server, MySQL, etc. – inkl. Version
3.3 Datenmenge	Größe der Datenbank in GB/TB, ggf. jährliche Zuwachsrate
3.4 Anzahl Tabellen	Bei relationalen Datenbanken
3.5 Exportstandards	CSV-, XLS-, GDPdU-Schnittstelle etabliert, direkter Datenbankzugriff möglich
3.6 Auskunftsperson technisch	Ansprechpartner, wenn es um die Verwaltung des Systems geht
3.7 Pfad zur Konzeption des Datenzugriffs für die Finanzverwaltung	Verzeichnis über alle Tabellen und Felder inkl. fachlicher Interpretation (Data Dictionary), Definition von Prüferrollen (Z1/Z2) und Datenextraktionen (Z3)
3.8 Pfad zur technischen Dokumentation	Systemarchitektur, Programmteile, Services, Globale Konfigurationen, genutzte Ports, Verschlüsselungstechnologien
3.9 Pfad zum Entwicklungsprozess bei Eigenentwicklungen	Genutzte Programmiersprachen, Entwicklungsrichtlinien, Change-Management, Release-Management
3.10 Pfad zu Freigabeverfahren in der Zielinfrastruktur	Von wann bis wann waren welche Versionen im Einsatz, wesentliche Unterschiede zur Vorversion, Dokumentation des Freigabeverfahrens
4. Wartung	
4.1 Eigentümer	System selbst betrieben oder gehosted
4.2 Wartungsvertrag	Intern/extern inkl. Laufzeit und Umfang
4.3 IT-Standort	Land, Stadt, in dem sich der Server befindet
4.4 Back-up-Zyklus und Umfang	Wie oft, für wie lange werden Backups durchgeführt, gibt es Spiegelungen an unterschiedlichen Orten
4.5 Archivierungszyklus/letzte Archivierung	Findet ein Transport von Daten aus der Onlinedatenbank in eine Archivumgebung statt
4.6 Pfad zum IT-Sicherheitskonzept	Dokumentation bzgl. Back-ups, Wiedereinspielungen, Desaster Recovery, Spiegelungen, Physische Sicherheit, Allgemeines Berechtigungskonzept der Anwendung etc.

8 Abkürzungen und Glossar

AGB: Allgemeine Geschäftsbedingungen

AktG: Aktiengesetz

AO: Abgabenordnung

BFH: Bundesfinanzhof

BMF: Bundesministerium der Finanzen

BPMN: Business Process Model and Notation
Grafische Spezifikationssprache zur Beschreibung von Geschäftsprozessen, Workflows und Arbeitsabläufen

BSI: Bundesamt für Sicherheit in der Informationstechnik

BZSt: Bundeszentralamt für Steuern

CMS: Compliance-Management-System
Grundsätze und Maßnahmen eines Unternehmens, die auf die Sicherstellung eines regelkonformen Verhaltens der gesetzlichen Vertreter und der Mitarbeiter des Unternehmens sowie ggf. von Dritten abzielen.

COBIT: Früher: Control Objectives for Information and Related Technology; international anerkanntes Framework zur IT-Governance

CR: Change Request
Formalisierte Anforderungen für Änderungen an IT-Produkten

DMS: Dokumenten-Management-System
Anwendung zur dauerhaften Speicherung von elektronischen Dokumenten

DSFinV-K: Digitalen Schnittstelle der Finanzverwaltung für Kassensysteme
Zentrale Definition des verbindlichen Formats von Registrierkassen-Daten

EDI: Electronic data interchange
Elektronischer Datenaustausch zwischen verschiedenen Anwendungssystemen

EPK: Ereignisgesteuerte Prozesskette
Darstellungsweise zur Modellierung von Prozessen einer Organisation

FG: Finanzgericht

GDPdU: Grundsätze zum Datenzugriff und zur Prüfbarkeit digitaler Unterlagen
BMF-Schreiben vom 16. Juli 2002

GoBD: Grundsätze zur ordnungsmäßigen Führung und Aufbewahrung von Büchern, Aufzeichnungen und Unterlagen in elektronischer Form sowie zum Datenzugriff
BMF-Schreiben vom 28. November 2019

GoBS: Grundsätze ordnungsmäßiger DV-gestützter Buchführungssysteme BMF-Schreiben vom 7. November 1995

HGB: Handelsgesetzbuch

IKS: Internes Kontrollsystem
Teilsystem des Systems zur Überwachung einer Unternehmung, das die Gesamtheit der Mechanismen zur Kontrolle enthält

ISMS: Informationssicherheitsmanagementsystems

KI: Künstliche Intelligenz

O2C: Order To Cash
Vertriebsprozess

OCR: Optical Character Recognition
Erkennung und Extraktion von Texten aus einer Bilddatei

OWiG: Ordnungswidrigkeitengesetz

P2P: Purchase To Pay
Beschaffungsprozess

POC: Proof of Concept
Machbarkeitsstudie anhand eines möglichst realistischen Testumfelds

RAID: Redundant Array of Independent Disks
Verbund mehrerer Festplatten, in dem Daten so gespeichert werden, dass sie vor Verlust geschützt sind

RDBMS: Relationales Datenbank-Management-System
In der Praxis weit verbreiteter Standard zur dauerhaften Speicherung von strukturierten Daten, die in Tabellen abgelegt werden und zueinander über Schlüsselfelder in Beziehung stehen können

RPA: Robotics Process Automation
Der Ersatz von manuellen Tätigkeiten durch automatisierte EDV-basierte Abläufe

SSD: Solid State Drive
Leistungsfähige Festplatten, die im Gegensatz zu herkömmlichen Platten keine beweglichen Teile haben, deshalb robuster sind und einen schnelleren Zugriff benötigen

VBA: Visual Basic for Applications
In MS Office integrierte Programmiersprache